无网格法
在流体力学中的应用
——工程案例

张挺 范佳銘 苏燕 著

中国水利水电出版社
www.waterpub.com.cn
·北京·

内 容 提 要

本书与《无网格法在流体力学中的应用——理论基础》为套书系列。本书针对广义有限差分法（GFDM）和局部径向基函数配置法（Local RBF - DQM）这两种无网格方法，详细介绍了其在流体力学领域中的工程应用，包括输水管道中水锤诱发的诸多计算流体力学和管道流固耦合方面的问题；还涉及求解水槽晃动、波浪传播等的拉普拉斯方程、Boussinesq方程以及缓坡方程的应用，也包括实际工程问题对应的控制方程描述、数值模型的构建、边界条件的处理以及结果的展示和分析。

本书可作为水利水电工程和港口航道工程等相关专业参考教材，也可以供从事相关领域科研人员及工程技术人员参考。

图书在版编目（ＣＩＰ）数据

无网格法在流体力学中的应用. 工程案例 / 张挺,
范佳銘，苏燕著. -- 北京 : 中国水利水电出版社,
2020.10
ISBN 978-7-5170-8895-0

Ⅰ．①无… Ⅱ．①张… ②范… ③苏… Ⅲ．①网格计算－应用－流体力学 Ⅳ．①035

中国版本图书馆CIP数据核字(2021)第187812号

书　　名	**无网格法在流体力学中的应用——工程案例** WU WANGGE FA ZAI LIUTI LIXUE ZHONG DE YINGYONG——GONGCHENG ANLI
作　　者	张　挺 范佳銘 苏　燕 著
出版发行	中国水利水电出版社 （北京市海淀区玉渊潭南路 1 号 D 座　100038） 网址：www. waterpub. com. cn E - mail：sales@mwr. gov. cn 电话：(010) 68545888（营销中心）
经　　售	北京科水图书销售有限公司 电话：(010) 68545874、63202643 全国各地新华书店和相关出版物销售网点
排　　版	中国水利水电出版社微机排版中心
印　　刷	天津嘉恒印务有限公司
规　　格	184mm×260mm　16 开本　9.5 印张　208 千字
版　　次	2020 年 10 月第 1 版　2020 年 10 月第 1 次印刷
定　　价	**68.00**元

前　言

　　无网格方法由于在数值计算过程中不需要建立任何网格，能够按照任意分布的坐标点构造插值函数，以此离散控制方程，在流体力学模拟复杂形状的流场中具有一定优势，而在塑性力学中，可以更有效地模拟发生大变形的材料。近些年来无网格方法的理论和应用都得到了迅猛的发展，对其研究重点也逐渐从数学领域转到实际工程领域。本书的目的就是通过介绍无网格方法的基本理论和研究方法，并结合工程案例介绍这些方法在工程中的应用，可作为相关专业参考教材，也可以供从事相关领域科研人员及工程技术人员参考。

　　本书与《无网格法在流体力学中的应用——理论基础》为套书系列。本书主要侧重介绍无网格方法在工程实际案例中的应用，包括求解二维水槽的晃动、水锤激励下的输流管道动态响应以及近海波浪的传播。在实际工程中，液体晃动的问题普遍存在于航天航空、石油化工及船舶工程等领域。液体晃动会影响容器的振动，从而发生流固耦合效应，这种流固耦合效应可能会对容器壁面产生结构破坏，当晃动波高较大时，极有可能冲击到容器上部的顶盖，对顶盖产生冲击破坏。水锤效应存在于长距离有压输流管路中，具有极大的破坏性，管内压强的波动可能引起输流管道的振动，极易导致管道变形甚至结构的破坏。在海洋工程领域，波浪运动是施加在海岸及海洋建筑物上的重要荷载，波浪在传播过程中，会在不同边界条件下以及水动力自身的相互作用下发生折射、绕射、反射、破碎等一系列变形，周期、波高、波向及波形随即产生变化，所以近海波浪运动的研究也一直是成为诸多学者专家深入探讨的话题，具有较高的研究意义。我们希望通过本书能够让读者更好地学习数值分析，掌握无网格方法，并且了解其在一些流体力学实际工程案例中应用的出色表现。

本书是福州大学土木工程学院张挺课题组近些年的课题研究成果。本书得到了国家自然科学基金"内激励动力源作用下水-管-桥流激振动力学行为及耦合机制研究"（51679042）的资助，还得到了中国台湾海洋大学范佳铭教授和李柏伟博士的认真核对，并且十分详细地提出了改进意见和一些纰漏之处，对他们的帮助，我们深表感谢。

限于作者水平，加之时间仓促，不足之处在所难免，恳请读者批评指正。

张　挺

2021 年 6 月于福州大学

目　录

第1章　GFDM 在二维水槽晃动
问题中的应用

充液水槽内的液体晃动问题（又称冲激问题）是指在承受外力扰动时，水槽内自由液面随时间变化的问题。因其具有非线性边界与自由液面，是一种较为复杂的流体运动现象，在不同工程领域上一直是很重要的议题，涉及诸多工业领域，例如飞行器的燃料仓晃动，大型燃油储存槽或核能燃料水槽遭受地震袭击，海洋工程上船舶的液舱晃动等。结构物内的流体发生晃动时，若超出掌控是相当危险的，尤其当外力频率接近流体晃动的自然频率时，即便是轻微的扰动亦将导致结构损毁，更严重将导致人员伤亡，甚至对环境造成不可挽回的后果。对水槽晃动问题，一个主要研究方向是将晃动液体看作不可压缩、无旋度、无黏性的势流，控制区域内流体运动满足 Laplace 方程，自由液面的变化边界需满足动力和运动边界条件。许多人采用边界元素法以及有限元素法对其进行研究，例如：Christou 等[1] 使用边界元素法建立垂直二维数值波动水槽，并研究波浪与不透直立墙面的互制行为，并根据反射波的计算结果发现，传统工程设计上使用的线性与二阶规则波理论低估实际情形下的波浪行为；而 Zeng 等[2] 利用格林定理和加权残差法，导出了三维拉普拉斯方程的轴对称边界元法研究了在横向激励下，多孔挡板对轴对称容器晃动抑制的影响；Wang 等[3] 则是使用有限元素法研究冲激问题（sloshing problem），在其研究结果中发现外加频率与自然共振频率的差异会影响能量的累积，对于海面上航行的油轮设计有很大的贡献。自由液面晃动问题是一个计算区域随时间变化的非线性边界条件问题。本章利用广义有限差分法（GFDM）对二维水槽晃动问题进行分析，在空间上和时间上分别采用广义有限差分法和蛙跳法对该问题方程进行离散。

1.1　数学模型

假设二维水槽液体是无黏性、无旋度、不可压缩的流体，采用 Laplace 势流模型进行描述。刚性矩形充液水槽宽度为 b，静止水深为 h，如图 1-1 所示。建立以 x 为横轴，z 为纵轴的惯性卡式坐标系（xOz），水槽空间位置可以用 $X = X_T(t)$ 和 $Z = Z_T(t)$ 表示。而后再建立一组随数值水槽移动的卡式坐标系（xOz），并将此坐标系的原点放置设在水槽的左下角，则流场速度势满足 Laplace 方程：

$$\nabla^2 \varphi = 0, (x, z) \in \Omega \tag{1-1}$$

式中：φ 为速度势函数；Ω 为计算域。水槽壁为刚体且不可穿透，因此水槽底部边界与两边竖直壁面上需满足不可穿透边界条件：

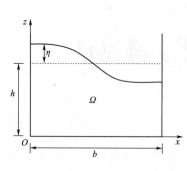

图 1-1 晃动问题的水槽模型

$$\frac{\partial \varphi}{\partial z}\bigg|_{z=0}=0 \ , \frac{\partial \varphi}{\partial x}\bigg|_{x=0,b}=0 \quad\quad (1-2)$$

在自由液面上，则水质点需满足自由液面动力和运动边界条件，计算区域会随自由液面而不停变形：

$$\frac{\partial \varphi}{\partial t}\bigg|_{z=\eta+h}=-\frac{1}{2}\bigg[\Big(\frac{\partial \varphi}{\partial x}\Big)^2+\Big(\frac{\partial \varphi}{\partial z}\Big)^2\bigg]$$
$$-[g+Z_T''(t)]\eta-xX_T''(t) \quad\quad (1-3)$$

$$\frac{\partial \eta}{\partial t}\bigg|_{z=\eta+h}=\frac{\partial \varphi}{\partial z}-\frac{\partial \varphi}{\partial x}\frac{\partial \eta}{\partial x} \quad\quad (1-4)$$

式中：η 为自由液面上各点位偏离静止水位时的竖直高度；g 为重力加速度；$Z_T''(t)$ 和 $X_T''(t)$ 分别为竖直和水平方向的加速度。

当运用于拉格朗日法或半拉格朗日法时，自由液面动力和运动边界条件应考虑计算点与水质点运动关系[4]，式（1-3）和式（1-4）可写成

$$\frac{\partial \varphi}{\partial t}\bigg|_{z=\eta+h}=-\frac{1}{2}\bigg[\Big(\frac{\partial \varphi}{\partial x}\Big)^2+\Big(\frac{\partial \varphi}{\partial z}\Big)^2\bigg]+v\,\nabla\varphi-[g+Z_T''(t)]\eta-xX_T''(t) \quad (1-5)$$

$$\frac{\partial \eta}{\partial t}\bigg|_{z=\eta+h}=-(\nabla\varphi-v)\,\nabla\eta+\frac{\partial \varphi}{\partial z} \quad\quad (1-6)$$

式中：v 为计算点的速度向量。

本章基于拉格朗日法的观点，计算区域内的计算点都随着水质点运动而移动。所以，计算点速度向量实际上与水质点速度向量是相等的，即 $v=\nabla\varphi$，自由液面上的动力和运动边界条件式（1-5）和式（1-6）化简为

$$\frac{\delta \varphi}{\delta t}\bigg|_{z=\eta+h}=\frac{1}{2}\bigg[\Big(\frac{\partial \varphi}{\partial x}\Big)^2+\Big(\frac{\partial \varphi}{\partial z}\Big)^2\bigg]-[g+Z_T''(t)]\eta-xX_T''(t) \quad (1-7)$$

$$\frac{\delta \eta}{\delta t}\bigg|_{z=\eta+h}=\frac{\partial \varphi}{\partial z} \quad\quad (1-8)$$

在拉格朗日法中自由水面水平方向还应满足附加条件：

$$\frac{\delta x}{\delta t}\bigg|_{z=\eta+h}=\frac{\partial \varphi}{\partial x} \quad\quad (1-9)$$

采用蛙跳法对式（1-7）～式（1-9）进行离散得

$$\varphi^{n+1}=\varphi^{n-1}+2\Delta t\bigg\{\frac{1}{2}\bigg[\Big(\frac{\partial \varphi^n}{\partial x}\Big)^2+\Big(\frac{\partial \varphi^n}{\partial z}\Big)^2\bigg]-[g+Z_T''(t^n)]\eta^n-x^nX_T''(t^n)\bigg\}$$
$$(1-10)$$

$$\eta^{n+1}=\eta^{n-1}+2\Delta t\frac{\partial \varphi^n}{\partial z} \quad\quad (1-11)$$

$$x^{n+1}=x^{n-1}+2\Delta t\frac{\partial \varphi^n}{\partial x} \quad\quad (1-12)$$

每个时刻，自由液面上计算点的坐标与物理量是根据自由液面运动和动力边界条

件计算得到的，而内部点坐标根据流体移动速度确定，一旦边界点与内部点点位确定之后，采用广义有限差分法求解，重复相同的做法进行下一个时刻的演算，如此不断重复直到终点时间为止。

1.2 利用 GFDM 求解过程

t^{k+1} 时刻下，在计算区域内有 N 个点，内部点点数为 n_i、n_{b1}、n_{b2}、n_{b3} 和 n_{b4} 分别为自由面、右边壁、左边壁、底边壁的边界点数。已知每点的坐标，通过 GFDM 的离散可以求解出每一个点权重（权重不随时间变化）累加，具体离散过程可以参照《无网格法在流体力学中的应用——理论基础》中介绍 GFDM 理论基础对应章节。

（1）内部点满足 Laplace 方程：

$$(\nabla^2 \varphi^{k+1})_i = \frac{\partial^2 \varphi^{k+1}}{\partial x^2}\bigg|_i + \frac{\partial^2 \varphi^{k+1}}{\partial z^2}\bigg|_i$$

$$= w_0^{xx,i}\varphi_i^{k+1} + \sum_{j=1}^{n_s} w_j^{xx,i}\varphi_j^{k+1,i} + w_0^{zz,i}\varphi_i^{k+1} + \sum_{j=1}^{n_s} w_j^{zz,i}\varphi_j^{k+1,i}$$

$$= 0, i = 1,2,3,\cdots,n_i \tag{1-13}$$

（2）自由面每点满足动力边界条件：

$$\varphi_i^{k+1} = f_i, i = n_i+1, n_i+2, n_i+3,\cdots, n_i+n_{b1} \tag{1-14}$$

式中：$\{f_i\}_{i=1}^{n_i}$ 为自由面动力边界条件下计算出的数值。

（3）右边壁、左边壁、底边壁每点满足不可穿透条件：

$$\frac{\partial \varphi^{k+1}}{\partial x}\bigg|_i = w_0^{x,i}\varphi_i^{k+1} + \sum_{j=1}^{n_s} w_j^{x,i}\varphi_j^{k+1,i} = 0,$$

$$i = n_i+n_{b1}+1, n_i+n_{b1}+2, n_i+n_{b1}+3,\cdots, n_i+n_{b1}+n_{b2} \tag{1-15}$$

$$\frac{\partial \varphi^{k+1}}{\partial x}\bigg|_i = w_0^{x,i}\varphi_i^{k+1} + \sum_{j=1}^{n_s} w_j^{x,i}\varphi_j^{k+1,i} = 0,$$

$$i = n_i+n_{b1}+n_{b2}+1, n_i+n_{b1}+n_{b2}+2,\cdots, n_i+n_{b1}+n_{b2}+n_{b3} \tag{1-16}$$

$$\frac{\partial \varphi^{k+1}}{\partial z}\bigg|_i = w_0^{z,i}\varphi_i^{k+1} + \sum_{j=1}^{n_s} w_j^{z,i}\varphi_j^{k+1,i} = 0,$$

$$i = n_i+n_{b1}+n_{b2}+n_{b3}+1, n_i+n_{b1}+n_{b2}+n_{b3}+2,\cdots, N \tag{1-17}$$

通过式（1-13）～式（1-17）可得到线性方程组：

$$[E]_{N \times N}\{\phi^{k+1}\}_{N \times 1} = \{g\}_{N \times 1} \tag{1-18}$$

式中：$[E]$ 为稀疏系数矩阵；$\{g\}$ 为控制方程与边界条件的非齐次项，通过求解方程组可得该时刻每点物理量 $\varphi_i^{k+1}(i=1,2,3,\cdots,N)$。

1.3　工程案例

应用上述模型进行数值计算,分析水槽液体自由晃动、水平受迫晃动和竖直受迫晃动等物理现象。设定水槽宽度 $b=1\mathrm{m}$,静止水深 $h=0.5\mathrm{m}$,波数 $k_1=\pi/b$,液体晃动固有频率为

$$\omega_1=\sqrt{gk_1\tanh(k_1h)} \tag{1-19}$$

1.3.1　自由晃动

水槽本身静止不动,则 $X_T''(t)=Z_T''(t)=0$,初始时刻液体是静止的 $\varphi(x,z)_{t=0}=0$,假设存在一个自由液面,即

$$\eta(x)_{t=0}=a\cos(k_1x) \tag{1-20}$$

初始的波动振幅 $a=g\varepsilon/\omega_1^2$,$\varepsilon=0.0014$,根据这些设定条件,自由液面将会因重力因素而以驻波的形式不停地自由振动。

图 1-2 是计算得到的在自由晃动条件下左壁($x=0$)自由液面质点相对振幅的时间历程,其中图 1-2(a)是采用不同的总点数 N 进行结果比较($\Delta t=0.005$,$n_s=15$),图 1-2(b)是采用不同的时间步长 Δt 进行结果比较($N=859$,$n_s=15$)。为了验证数值模式准确性,将计算结果与 Frandsen[5] 的解析解进行对比,结果吻合良好。可见,三组不同总点数以及三组不同时间步长的数值结果基本一致,表明运用广义有限差分法求解液体晃动问题的稳定性,且随着总布点数的增加,模拟精度提高,但缩短时间步长 Δt 对结果精度的影响微弱,表明数值模式具有相当高的计算效率。从图 1-2 可以看出,相对振幅的波峰与波谷相同,证明了在势流场中,若只受重力的情况下,自由液面的晃动振幅永远保持一致,中间没有能量损失。

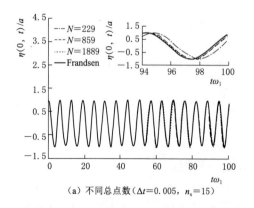

(a) 不同总点数($\Delta t=0.005$,$n_s=15$)

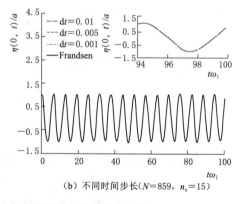

(b) 不同时间步长($N=859$,$n_s=15$)

图 1-2　自由晃动条件下左壁处自由液面质点相对振幅比较

1.3.2　竖直方向受迫晃动

设定水槽被迫作竖直方向的简谐振动，其竖向加速度函数为[4]

$$Z''_T(t) = -a_v \omega_v^2 \cos(\omega_v t), \quad t \geqslant 0 \tag{1-21}$$

式中：$a_v = g k_v / \omega_v^2$ 为竖向振幅（$k_v = 0.5$），$\omega_v = \omega_1 / \Omega_1$ 是竖向激励的加速度（$\Omega_1 = 1.253$），水槽水平方向不受外力，则 $X''_T(t) = 0$，液体在初始时刻是静止的 $\varphi(x, z)_{t=0} = 0$，并存在一个自由液面 $\eta(x)_{t=0} = a\cos(k_1 x)$。本案例选点数 $n_s = 15$，时间步长 $\Delta t = 0.005$，总点数 $N = 1889$。

图 1-3（a）是在竖向受迫振动条件下计算得到的左壁（$x = 0$）自由液面质点相对振幅的时间历程，图 1-3（b）是竖直受迫振动下不同时刻自由水面轮廓。同样将数值计算结果与 Frandsen[5] 的解析解进行对比，结果也是非常吻合的，表明数值模式可有效模拟非线性自由液面晃动问题。从结果可以看出在水槽被迫作竖直振动下，自由水面在不同时刻波峰波谷都不相同，振荡形式并没有规律性。

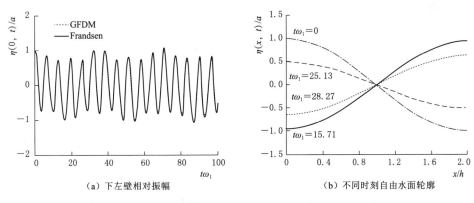

（a）下左壁相对振幅　　　　　　　（b）不同时刻自由水面轮廓

图 1-3　竖直受迫振动（$N = 1889$，$\Delta t = 0.005$，$n_s = 15$）

1.3.3　水平方向受迫晃动

对水槽作水平方向的简谐振动进行研究，设定其水平加速度函数为

$$X''_T(t) = -a_h \omega_h^2 \cos(\omega_h t), \quad t \geqslant 0 \tag{1-22}$$

式中：$a_h = g k_h / \omega_h^2$ 为水平振幅（$k_h = 0.0036$）；ω_h 为水平角加速度，水槽竖直方向不受外力，则 $Z''_T(t) = 0$，液体的初始时刻是静止的 $\varphi(x, z)_{t=0} = 0$，自由水面也是水平未扰动的 $\eta(x, t = 0) = 0$。通过 ω_h 与 ω_1 之间的不同关系计算四组案例：① $\omega_h = 1.3\omega_1$；② $\omega_h = 1.1\omega_1$；③ $\omega_h = \omega_1$；④ $\omega_h = 0.7\omega_1$。案例选点数 $n_s = 15$，时间步长 $\Delta t = 0.005$，总点数 $N = 1889$。

图 1-4 是在水平受迫振动条件下计算得到的左壁自由液面质点相对振幅的时间历程，可见随着 ω_h 逼近 ω_1，振幅会随时间逐渐变大；当 ω_h 很接近 ω_1 时［图 1-4（b）］，虽未产生持续明显的共振现象，但会出现"一阶拍"的跳动现象；当 $\omega_h = \omega_1$

达到共振条件时，振幅增大异常明显，振幅随时间推移呈增大趋势。为了进一步了解在水平受迫激励下自由液面质点的频域响应，通过快速傅里叶变换（FFT）得到四组不同水平角加速度工况下的频谱图，如图 1-5 所示。可见，当晃动远离共振区时[图 1-5 (a) 和图 1-5 (d)]，会有 5 阶频率出现，且前两阶分别为液体晃动固有频率 ω_1 和激振频率 ω_h，而当达到共振条件时（$\omega_h = \omega_1$），仅出现两阶频率，且共振频率低于液体晃动固有频率 ω_1 和激振频率 ω_h。

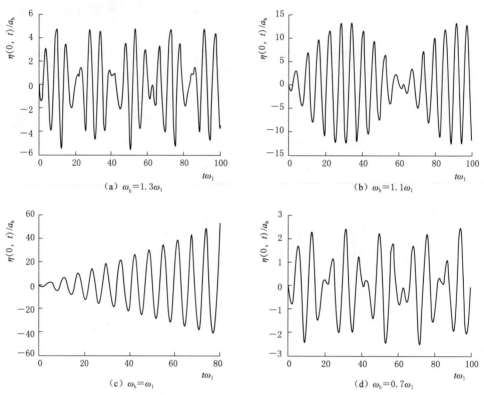

图 1-4　水平受迫振动下不同角加速度左壁相对振幅

（$N=1889$，$\Delta t = 0.005$，$n_s = 15$）

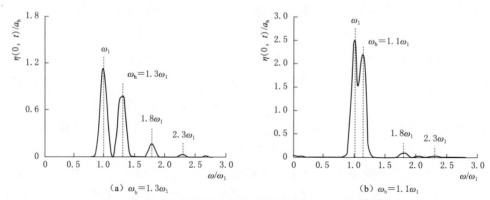

图 1-5 （一）　水平受迫振动下不同角加速度左壁频谱图

（$N=1889$，$\Delta t = 0.005$，$n_s = 15$）

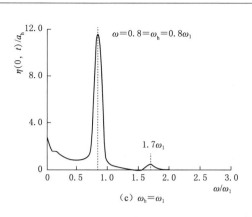
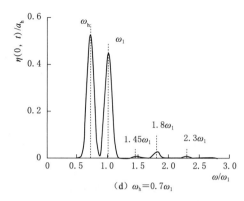

图 1-5（二）　水平受迫振动下不同角加速度左壁频谱图

（$N=1889$，$\Delta t=0.005$，$n_s=15$）

读者可阅读文献［6］和文献［7］，以对本章有更为深刻的理解。

参 考 文 献

［1］　CHRISTOU M，HAGUE C H，SWAN C. The reflection of nonlinear irregular surface water waves ［J］. Engineering Analysis with Boundary Elements，2009，33（5）：644－653.

［2］　ZANG Q S，LIU J，YU L，et al. Boundary element analysis of liquid sloshing characteristics in axi-symmetric tanks with various porous baffles ［J］. Applied Ocean Research，2019，93：101963.

［3］　WANG C Z，KHOO B C. Finite element analysis of two-dimensional nonlinear sloshing problems in random excitations ［J］. Ocean Engineering，2005，32（2）：107－133.

［4］　刘霞，谭国焕，王大国. 基于边界造波法的二阶 Stokes 波的数值生成 ［J］. 辽宁工程技术大学学报，2010，29（1）：107－111.

［5］　FRANDSEN J B. Sloshing motions in excited tanks ［J］. Journal of Computational Physics，2004，196（1）：53－87.

［6］　任聿飞. 基于广义有限差分法分析二维自由水面波动问题 ［D］. 福州：福州大学，2016.

［7］　ZHANG T，REN Y F，FAN C M，et al. Simulation of two-dimensional sloshing phenomenon by generalized finite difference method ［J］. Engineering Analysis with Boundary Elements，2016，63：82－91.

第 2 章　二维立面波浪传播问题

波浪的产生、传播以及波浪与结构物的相互作用为本章研究的主轴，其数学问题同样是基于势流场求解 Laplace 方程，在边界处理上引入更多的波浪边界条件以及底床边界，相比于简单的液面晃动问题，自由液面传播问题更加复杂。为了有效地模拟二维立面波浪传播问题，采用的传统数值方法主要有限元素法[1-3] 以及各类边界法[4-9]。2011 年，Senturk[9] 利用局部化径向基底函数配点法模拟数值波浪水槽的非线性波浪传播问题，将局部化无网格概念引入到波浪传播问题中。本章将利用属于局部化无网格法的广义有限差分法，配合半拉格朗日法以及二阶龙格库塔法对方程进行离散，对二维立面水槽波浪传播现象进行模拟。

2.1　数学模型

矩形波浪水槽长度为 b，静止水深为 h，如图 2-1 所示。建立一组数值水槽的卡式坐标系统 (xOz)，并将此坐标系统的原点设在水槽的左下角。假设二维水槽液体是无黏性、无旋度、不可压缩的流体，则计算流场域可采用 Laplace 势流模型进行描述，参见式（1-1）。

水槽底部边界满足不可穿透边界条件：

$$\frac{\partial \varphi}{\partial z}\bigg|_{z=0} = 0 \qquad (2-1)$$

入射边界施加造波条件，定义一个沿着 x 轴的水平传播随着时间变化的入射波速度 $U(t)$，不同的造波条件，对应的 $U(t)$ 会不同，2.3.1.1 节和 2.3.1.2 节中将介绍两种不同的造波条件。

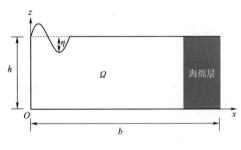

图 2-1　数值波浪水槽模型

$$\frac{\partial \varphi}{\partial x}\bigg|_{x=0} = U(t) \qquad (2-2)$$

在数值波浪计算中，波浪入射时，需引入一个放大函数（ramping function）[7]。函数能保证波浪波高慢慢增大，在一定时间 T_m 内达到波浪稳定状态，以此防止在模拟波浪时，由于入射边界上的波浪突然传入而造成数值不稳定的发散问题。放大函数定义为

$$R_m(t) = \begin{cases} \dfrac{1}{2}\left[1 - \cos\left(\dfrac{\pi t}{T_m}\right)\right], & t < T_m \\ 1, & t \geqslant T_m \end{cases} \qquad (2-3)$$

式中：T_m 为数值调整时间，在这个时间段内波浪将渐渐放大到稳定状态，且本节中的 T_m 取 $2T$，式（2-3）改写为

$$\frac{\partial \varphi}{\partial x}\bigg|_{x=0} = R_m(t)U(t) \tag{2-4}$$

在波浪自由液面上，只存在重力作用，参照式（1-5）、式（1-6），同样考虑计算点与水质点关系，将初始自由液面动力和运动边界条件〔式（1-3）、式（1-4）〕改写为

$$\frac{\partial \varphi}{\partial t}\bigg|_{z=\eta+h} = -\frac{1}{2}\left[\left(\frac{\partial \varphi}{\partial x}\right)^2 + \left(\frac{\partial \varphi}{\partial z}\right)^2\right] + \mathbf{v}\cdot\nabla\varphi - g\eta \tag{2-5}$$

$$\frac{\partial \eta}{\partial t}\bigg|_{z=\eta+h} = -(\nabla\varphi - \mathbf{v})\nabla\eta + \frac{\partial \varphi}{\partial z} \tag{2-6}$$

考虑到水质点随波浪不断前进，若采用拉格朗日法，计算区域内的计算点都随着水质点运动而移动，则在计算时要考虑到入流处的计算点补点问题，问题将复杂化，所以本章将基于半拉格朗日法对波浪问题进行研究。基于半拉格朗日法的观点，计算点只能限制于在竖向方向随水质点运动。计算点速度向量与水质点速度向量是不相等的，即 $\mathbf{v}=(0,\partial\varphi/\partial z)=(0,\partial\eta/\partial t)\neq\nabla\varphi$，自由液面上的动力和运动边界条件式（2-5）和式（2-6）化简为

$$\frac{\delta \varphi}{\delta t}\bigg|_{z=\eta+h} = -\frac{1}{2}\left[\left(\frac{\partial \varphi}{\partial x}\right)^2 + \left(\frac{\partial \varphi}{\partial z}\right)^2\right] - g\eta + \frac{\partial \varphi}{\partial z}\left(\frac{\partial \varphi}{\partial z} - \frac{\partial \varphi}{\partial x}\frac{\partial \eta}{\partial x}\right) \tag{2-7}$$

$$\frac{\partial \eta}{\partial t}\bigg|_{z=\eta+h} = \frac{\partial \varphi}{\partial z} - \frac{\partial \varphi}{\partial x}\frac{\partial \eta}{\partial x} \tag{2-8}$$

消波技术在波浪传播研究中起着重要的作用，出流边界在传统数值研究上采用开敞边界，出流波浪不存在反射，即辐射边界条件（radiation boundary condition）：

$$\frac{\partial \varphi}{\partial t}\bigg|_{x=b} = -C\frac{\partial \varphi}{\partial x} \tag{2-9}$$

式中：C 为波速。但事实上，在前人研究的结果中，该出流条件下始终存在部分波浪反射现象。因此，在本研究中，在出流条件基础上，引进"边消边流"的技术[9]，即在波浪水槽的出流端，同时引入"海绵层（sponge layer）"以及辐射边界条件，波浪在出流的同时逐渐被压缩。在这种条件下，即使出流波浪存在部分反射的现象，反射的能量也会在"海绵层"区域中被吸收。在动力和运动自由液面边界条件引入衰减系数 $v(x)$（damping coefficient），式（2-8）和式（2-9）可改写为

$$\frac{\delta \varphi}{\delta t}\bigg|_{z=\eta+h} = -\frac{1}{2}\left[\left(\frac{\partial \varphi}{\partial x}\right)^2 + \left(\frac{\partial \varphi}{\partial z}\right)^2\right] - g\eta + \frac{\partial \varphi}{\partial z}\left(\frac{\partial \varphi}{\partial z} - \frac{\partial \varphi}{\partial x}\frac{\partial \eta}{\partial x}\right) - v(x)\varphi \tag{2-10}$$

$$\frac{\partial \eta}{\partial t}\bigg|_{z=\eta+h} = \frac{\partial \varphi}{\partial z} - \frac{\partial \varphi}{\partial x}\frac{\partial \eta}{\partial x} - v(x)\eta \tag{2-11}$$

衰减系数 $v(x)$ 为

$$v(x) = \begin{cases} \alpha_s\omega\left[\dfrac{x-(b-\beta\lambda)}{\beta\lambda}\right]^2, & x > b-\beta\lambda \\ 0, & x \leqslant b-\beta\lambda \end{cases} \tag{2-12}$$

式中：ω 为波浪角加速度；β 和 α_s 分别为 "海绵层" 的长度系数（length factor）和调整系数（tuning factor），Contento 等[9] 发现当 "海绵层" 的长度取一个波长时，波浪发射效应将小于 2%，所以本章研究中，$\beta=1$ 和 $\alpha_s=1$。

式（2-10）～式（2-12）在时间上可按龙格库塔法更新物理量。

每个时刻，自由液面上计算点的坐标与物理量根据自由液面运动和动力边界条件计算得到，而内部点竖向坐标根据自由液面的水深确定，横向坐标保持不变。同样，一旦边界点与内部点点位确定之后，采用广义有限差分法在不规则计算域内进行演算，直到终点时间为止。

2.2 利用 GFDM 求解过程

t^{k+1} 时刻下，在计算区域内有 N 个点，内部点点数为 n_i，n_{b1}、n_{b2}、n_{b3} 和 n_{b4} 分别为自由面、出流边界、入流边界、底边壁的点数。通过 GFDM 的离散可以求解出每一个点权重（权重不随时间变化）累加，具体离散过程可以参照《无网格法在流体力学中的应用——理论基础》中介绍 GFDM 理论基础的对应章节，但其边界条件存在如下不同：

（1）自由面每点满足动力边界条件：

$$\varphi_i^{k+1}=f_i, i=n_i+1,n_i+2,n_i+3,\cdots,n_i+n_{b1} \qquad (2-13)$$

式中：$\{f_i\}_{i=1}^{n_i}$ 为自由面动力边界条件式（2-11）计算出的物理量。

（2）右出流边界条件满足辐射边界条件：

$$\varphi_i^{k+1}=fo_i \quad i=n_i+n_{b1}+1,n_i+n_{b1}+2,n_i+n_{b1}+3,\cdots,n_i+n_{b1}+n_{b2}$$

$$\qquad (2-14)$$

式中：$\{fo_i\}_{i=n_i+n_{b1}+1}^{n_i}$ 为辐射边界条件式（2-10）计算出的物理量。

（3）左边入流边界条件满足造波条件：

$$\left.\frac{\partial \varphi_i^{k+1}}{\partial x}\right|_i=w_0^{x,i}\varphi^{k+1}+\sum_{j=1}^{n_s}w_j^{x,i}\varphi_j^{k+1,i}=R_m(t^{k+1})U(t^{k+1}),$$

$$i=n_i+n_{b1}+n_{b2}+1,n_i+n_{b1}+n_{b2}+2,\cdots,n_i+n_{b1}+n_{b2}+n_{b3} \qquad (2-15)$$

2.3 数值模拟与讨论

2.3.1 波浪的产生和传播分析

波浪的产生和传播分析是研究波浪传播的先决条件。在数值造波技术中，目前在造波边界处采用的主要数学模型包括：①给定波浪的水平速度解析值；②给定活塞式（piston-type）造波条件。

2.3.1.1 二阶 Stokes 波

假定入射边界施加二阶 Stokes 波，本案例主要模拟二阶 Stokes 波浪越过无障碍

物水槽的传播过程。$U(t)$ 二阶 Stokes 波浪水平速度解析解，式（2-5）改写为

$$\left.\frac{\partial \varphi}{\partial x}\right|_{x=0} = R_{\mathrm{m}}(t)U(t)$$

$$= R_{\mathrm{m}}(t)\left[\frac{gkH}{2\omega}\frac{\cosh(kz)}{\cosh(kh)}\cos(kx-\omega t) + \right.$$

$$\left. \frac{3\omega kH^2}{16}\frac{\cosh(2kz)}{\sinh^4(kh)}\cos2(kx-\omega t)\right] \tag{2-16}$$

为了避免造波时非线性波浪数值上的不稳定性，在入射边界与自由水面交界点还应该施加一个考虑放大函数的竖向二阶 Stokes 波浪竖向波高解析解：

$$\eta = R_{\mathrm{m}}(t)\left\{\frac{H}{2}\cos(kx-\omega t) + \frac{H^2 k}{16}\frac{\cosh(kh)}{\sinh^3(kh)}\left[2+\cosh(2kh)\right]\cos2(kx-\omega t)\right\}$$

$$\tag{2-17}$$

式中：H、ω、k 分别为波高、角加速度和波数。本案例的二阶 Stokes 波的波长（λ），周期（T）和波高（H）分别为 1m、0.8005s 和 0.04m。设定波浪水槽长度 $b=3$m，静止水深 $h=1$m，计算时长为 $10T$。在 $x=\lambda$ 处无量纲水面波动量（$2\eta/H$）随无量纲时间（t/T）变化曲线见图 2-2。为了验证广义有限差分法波浪数值模式的准确性，将数值计算结果与二阶 Stokes 波解析解进行对比，可以看出在初始的短暂的放大效应之后（大约 4s 之后），二者结果相当的吻合。三组不同总点数以及三组不同时间步长的数值结果基本一致，表明运用广义有限差分法求解波浪传播的稳定性及一致性，且随着总布点数的增加，模拟精度提高，但缩短时间步长 Δt 对结果精度的影响微弱，表明本数值模式具有相当高的计算效率。图 2-3 为 $t=9T$ 到 $t=10T$ 间波浪不同时刻下的轮廓（$N=4959$，$\Delta t=0.001$，$n_{\mathrm{s}}=15$），可以看出波浪在水槽出流处，由于"海绵层"的作用，在消波段内的波幅逐渐消减，反射回来的波浪能量很小，可以保证数值计算在较长时间内的稳定性。

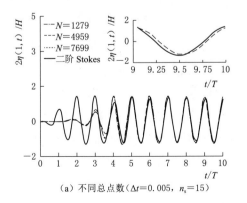

（a）不同总点数（$\Delta t=0.005$，$n_{\mathrm{s}}=15$）

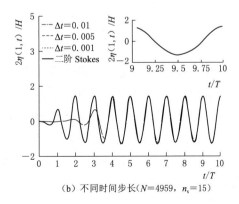

（b）不同时间步长（$N=4959$，$n_{\mathrm{s}}=15$）

图 2-2　$x=\lambda$ 处历时曲线

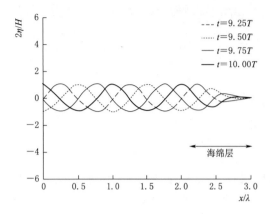

图 2-3 由于海绵层压缩自由表面轮廓
（$N=4959$，$\Delta t=0.001$，$n_s=15$）

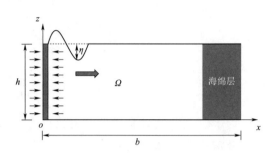

图 2-4 生波板示意图

2.3.1.2 活塞推板式造波

除了在入射边界处直接给定二阶 Stokes 波，本章将介绍另外一种在数值上使用的造波方式：活塞推板式造波。如图 2-4 所示，在试验中，常常在水槽入流处施加一个往复运动的活塞推板，推板的运动产生固定周期和波高的波浪，并向前传播。对于平衡位置，推板作简谐运动，1971 年，线性造波机理论将推波板的运动规律总结为[10]

$$\xi(t)=-\xi_0\cos(\omega t) \qquad (2-18)$$

式中：ω 为角加速度；ξ_0 为生波板振幅；$\xi(t)$ 为推波板离开平衡位置的位移。

Madsen 推导出推波板产生的自由液面的解析解，并与实验结果进行对比。在此后陆续有学者[4,10] 利用数值模型验证 Madesen 实验及解析结果[11] 的正确性。这里将采用广义有限差分法对由推波板产生的波浪进行模拟，并与 2004 年 Dong 等[10] 的数值结果以及 Madesen 实验结果[11] 进行对比。入射边界引入推波板运动条件，式（2-19）代入式（2-5）可改写为

$$\left.\frac{\partial\varphi}{\partial x}\right|_{x=0}=R_m(t)U(t)=R_m(t)\frac{\partial\xi(t)}{\partial t}=R_m(t)\omega\xi_0\sin(\omega t) \qquad (2-19)$$

在试验中，水槽中静止水深 $h=0.038\text{m}$，长度 $b=22\text{m}$。事实上，由于实验年代比较久远，设备不够先进，消波技术也不够完善，所以将水槽长度设定得比较长，以此降低水槽末端的能量反射对传播的波浪产生的影响。由 2.3.1.1 节可以看出本研究的消波技术完全可以保证波浪在较短距离下也能基本不受能量影响正常传递，所以为节省计算时间，提高研究效率，本研究将对实验水槽模型长度简化为 $b=15\text{m}$。生波板振幅 $\xi_0=0.061\text{m}$，产生波浪周期 $T=2.75\text{s}$，静止水深与波长比 $h/\lambda=0.074$，计算时长为 $10T$。本案例选点数 $n_s=15$，时间步长 $\Delta t=0.01$，总点数 $N=12619$。图 2-5 为一个稳定周期内 x 为 4.9m 和 8.7m 处自由水面的位移历时曲线，与 Dong 等的数值结果吻合，与 Madesen 实验结果趋势基本一致。相比于图 2-2，可以看出该波浪

非线性明显，非对称性变强，波峰增大，波谷减小而更为平滑，说明广义有限差分法完全可以运用于非线性的波浪模拟中，并可以准确反映其非线性。

推波板产生的波浪可以分解为主波与二次谐波，图 2-6 为不同时刻下（$9.25T \sim 10.00T$）的自由水面，可以从图中的波谷形态中可以看出：在传播过程中，二次谐波由于传播速度较慢，从主波中渐渐分离出来，释放后的二次谐波对波浪永恒不变的传播形式造成了较大的影响。通过图 2-3 与图 2-6 的对比，可以看出该数值模型可以运用于色散性较强的波浪模拟中。

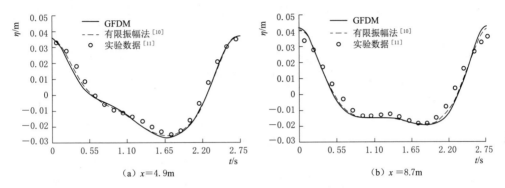

（a）$x=4.9\text{m}$　　　　　　　　　（b）$x=8.7\text{m}$

图 2-5　不同位置稳定周期历时曲线（$N=12619$，$\Delta t=0.01$，$n_s=15$）

通过改变造波板边界运动规律在数值波浪模拟中可生成不规则波或随机波，对于其他不常用的波浪环境也可通过此方法实现。虽然活塞式推波板造波条件可以更直接模拟现实试验造波的边界条件，但实际上边界推波板运动规律的参数一般不好直接获得，在接下来的波浪传播数值模拟中，将入射边界条件简化处理，用波浪解析解作为入射边界条件。

基于广义有限差分法，利用边界造波对二阶 Stokes 波浪以及活塞式推波板产

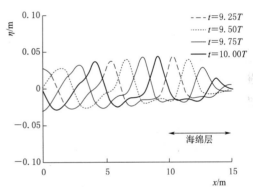

图 2-6　不同时间波浪轮廓
（$N=12619$，$\Delta t=0.01$，$n_s=15$）

生的波浪传播过程分别进行数值模拟，某数值结果与解析解和前人数值研究结果进行对比，结果吻合，说明该数值模式是可行而有效的。另外，消波技术的研究一直以来是波浪传播问题的研究重点，从数值结果可以看出，在本研究采用的数值消波技术下，波浪反射对于波浪传播影响甚微，为 2.3.2 节对波浪通过潜堤波浪变形研究打下良好的基础。

2.3.2　越过潜堤的波浪变形研究

早期，人们采用修建护岸、海堤、消波堤等建筑物来防止波浪的越坡以及海水的

侵蚀，但是由于该类建筑物反射波浪造成的堤脚冲刷，却加快了岸滩的流失。另外，由于建筑物的陡坡设计和外抛的各种消波块，阻挡了人们的亲水愿望。因此，人们逐渐开始运用效果不错的消波护岸且具有促淤效果的离岸堤和突堤，但建筑物突出水面的缺点却破坏了沿海景观，为了避免上述建筑物所带来的不便，水下潜堤的使用开始吸引土木工程师们的注意。

潜堤在学术上定义为堤顶位于静止水面下的防水堤，波浪在通过潜堤后不仅可以使其部分发生反射和透射，避免全反射对堤趾的侵蚀，而且让波浪在堤前破碎，通过分裂产生的高频波转移能量，稳定潜堤后的水域，避免了海岸线受到侵蚀。潜堤已逐渐广泛使用于海岸建设中，因此，世界上有许多学者对波浪通过潜堤的过程展开了研究。而其中，海堤的外形是研究波浪通过其发生变形的决定因素之一，本节以 2.3.1.1 模式为基础，对波浪通过两种不同形状的海堤发生的变形进行研究分析。

2.3.2.1　矩形浅堤

伦敦帝国学院水力试验室在一个长 27m、宽 0.3m 玻璃水槽中做过波浪越过矩形海堤的试验[8]。同样为节省计算时间，提高研究效率，数值上将对实验水槽模型长度稍作简化为 $b=22$m。本案列主要研究不同顶宽 B（$B=0$m、0.35m、1.05m）、高为 0.35m 的矩形海堤对波浪的影响。水槽的静止水深为 $h=0.7$m，海堤前端位于波源 13.35m 处（见图 2-7）。波浪条件为 $H=39.2$mm，$k=2.769$rad/m，$\lambda=2.269$m。

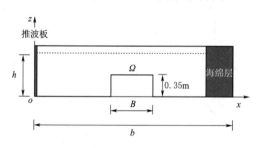

图 2-7　试验水槽试验模型

对于顶宽 $B=1.05$m 的矩形海堤案例，选点数 $n_s=15$，时间步长 $\Delta t=0.01$，总点数 $N=24973$。图 2-8 为波浪越过顶宽 $B=1.05$m 的矩形海堤后，海堤前沿 0~12.5m 之间的一个稳定周期下不同相位波浪轮廓图。GFDM 数值结果与 Christou 的研究结果[7] 做比对，趋势基本一致。GFDM 的计算结果在波峰处相比于 Christou 研究成果略高，但有可能更符合实际的物理现象，这是因为当波浪传播到潜堤上的浅水区（海堤前沿 0~12.5m）时，波浪的非线性会明显增强，波峰变尖，波谷坦化。

图 2-9 为不同顶宽 B 下的潜堤附近的波浪轮廓比较图。不同潜堤顶宽案例 B 为 1.05m、0.35m、0m 所采用的点数分别为 24973、25368、25547。在图 2-9（b）中可以看出潜堤对波浪轮廓的影响：随着顶宽 B 的增大，相同位置下，波浪轮廓滞后，波速减小，波峰变尖，波浪的非线性增强。

2.3.2.2　梯形浅堤

1994 年，Ohyama 等在波浪水槽做了一个关于波浪越过梯形潜堤的变形的物理实验[12]，该实验也成为后人研究二维波浪 Laplace 方程的经典数值案例[4,7]，梯形潜堤水槽模型如图 2-10，水槽的静止水深为 $h=0.7$m，$b=30$m。

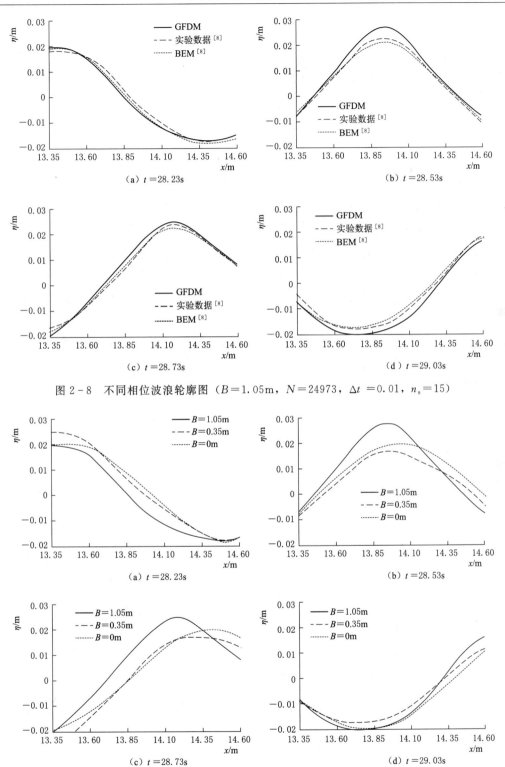

图 2-8 不同相位波浪轮廓图 （$B=1.05\text{m}$，$N=24973$，$\Delta t=0.01$，$n_s=15$）

图 2-9 不同顶宽 B 下波浪轮廓比较图 （$\Delta t=0.01$，$n_s=15$）

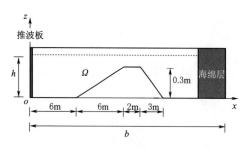

图 2-10　梯形潜堤水槽试验模型

在本节主要验证波高 $H = 0.02$m，周期 $T = 0.101/\sqrt{h/g}$ 的波浪越过梯形潜堤的变形过程，并与 Ohyama 试验结果进行对比。波数 k 可以通过色散关系获得：

$$\omega^2 = gk\tanh(kh) \qquad (2-20)$$

计算总时间为 $t = 12T$，选点数 $n_s = 40$，时间步长 $\Delta t = 0.01$，总点数 $N = 31519$。取自由水面不同位置（x 为 5.7m、10.5m、12.5m、13.5m、14.5m、15.7m、17.3m）的两个稳定周期内自由水面竖向位移的数值结果与 Ohyama 等的研究结果[12] 进行对比，结果吻合（见图 2-11）。

从图 2-11 可以看出，在上坡段（$x = 10.5$m），波峰更加尖挺，变为锯齿状，波谷更加坦化，波形不对称加剧，反映出水深越浅的地方，波浪非线性加强。到最浅区域（$x = 13.5$m），非线性最为明显。另外此处波浪有明显的次峰出现，这是由于在水深变浅过程中，波浪色散性逐渐增强，谐波逐渐从主波中分裂出来。下坡段（x 为 14.5m、15.7m 和 17.3m）由于水深加大，非线性逐渐减弱，谐波由束缚波释放为自由波，此时不同频率的谐波以其各自的速度传播。潜堤消能的基本原理就是利用波浪越过潜堤过程中分裂产生多个高频次波以此来转移低频主波的能量。图 2-12 为潜堤

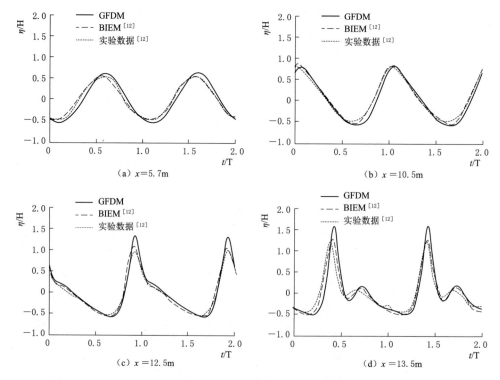

图 2-11（一）　自由水面不同位置历时曲线（$N = 31519$，$\Delta t = 0.01$，$n_s = 40$）

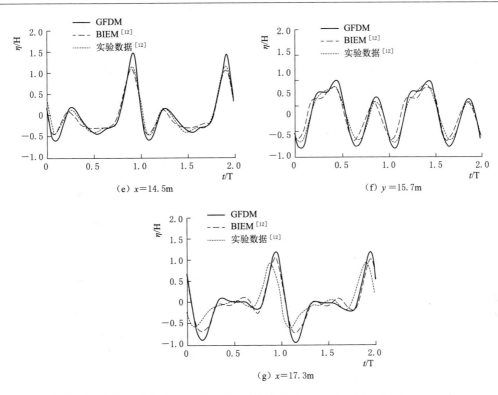

图 2-11（二） 自由水面不同位置历时曲线（$N=31519$，$\Delta t=0.01$，$n_s=40$）

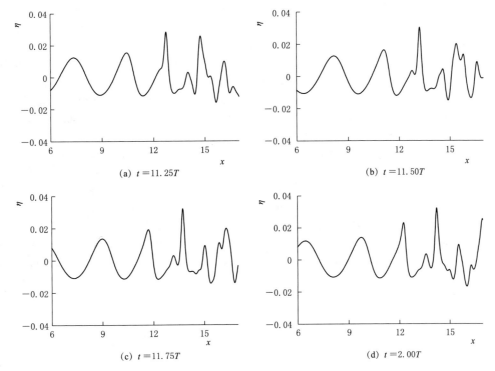

图 2-12 不同时刻自由水面图（$N=31519$，$\Delta t=0.01$，$n_s=40$）

范围内不同时刻自由水面图，可以清晰直接地反映出波浪在通过梯形浅堤时非线性由弱变强再变弱的过程。

读者可阅读文献［13］和文献［14］，以对本章有更为深刻的理解。

参 考 文 献

［1］　MA Q W, YAN S. Quasi ALE finite element method for nonlinear water waves ［J］. Journal of Computational Physics, 2006, 212 (1): 52 - 72.

［2］　WANG G Z, WU C X. Interactions between fully nonlinear water waves and cylinder arrays in a wave tank ［J］. Ocean Engineering, 2010, 37 (4): 400 - 417.

［3］　WU G X, HU Z Z. Simulation of nonlinear interactions between waves and floating bodies through a finite-element-based numerical tank ［J］. Proceedings of the Royal Society of London Series A: Mathematical, Physical and Engineering Sciences, 2004, 460 (2050): 2797 - 2817.

［4］　WU N J, TSAY T K, YOUNG D L. Computation of Nonlinear free-surface flows by a meshless numerical method ［J］. Journal of Waterway, Port, Coastal, and Ocean Engineering, 2008, 134 (2): 97 - 103.

［5］　RYU S, KIM M H, LYNETT P J. Fully nonlinear wave-current interactions and kinematics by a BEM-based numerical wave tank ［J］. Computational Mechanics, 2003, 32 (4 - 6): 336 - 346.

［6］　GUYENNE P, GRILLI S T. Numerical study of three-dimensional overturning waves in shallow water ［J］. J. Fluid Mechanics, 2006, 547: 361 - 88.

［7］　ZHANG X T, KHOO B C, LOU J. Wave propagation in a fully nonlinear numerical wave tank: A desingularized method ［J］. Ocean Engineering, 2006, 33 (17 - 18): 2310 - 2331.

［8］　CHRISTOU M, SWAN C, GUDMESTAD O T. The interaction of surface water waves with submerged breakwater ［J］. Coastal Engineering, 2008, 55 (12): 945 - 958.

［9］　SENTURK U. Modeling nonlinear waves in a numerical wave tank with localized meshless RBF method ［J］. Computer & Fluids, 2011, 44 (1): 221 - 228.

［10］　DONG C M, HUANG C J. Generation and propagation of water waves in a two-dimensional numerical viscous wave flume ［J］. Journal of Waterway, Port, Coastal, and Ocean Engineering, 2004, 130 (3): 143 - 153.

［11］　MADSEN O S. On the generation of long waves ［J］. Geohysical Research, 1971, 76 (36): 8672 - 8683.

［12］　OHYAMA T, NADAOKA K. Development of a numerical wave tank for analysis of nonlinear and irregular wave field ［J］. Fluid Dynamics Research, 1991, 8 (5 - 6): 231 - 251.

［13］　任聿飞. 基于广义有限差分法分析二维自由水面波动问题 ［D］. 福州: 福州大学, 2016.

［14］　ZHANG T, REN Y F, YANG Z Q, et al. Application of generalized finite difference method to propagation of nonlinear water waves in numerical wave flume ［J］. Ocean Engineering, 2016, 123 (sep. 1): 278 - 290.

第 3 章　GFDM 在 Boussinesq
方程中的应用

Boussinesq[1] 于 1872 年建立了最原始的 Boussinesq 方程，该方程假定水流水平速度沿水深平均分布，垂向速度从水底到自由水面由零增到最大，呈线性分布。Peregrine[2] 于 1967 年在此基础上推导了适用于缓变水深的经典 Boussinesq 方程。经典的 Boussinesq 方程包含了弱色散性和弱非线性，因此只适合于浅水。当相对深水 $h/L > 0.2$ 时，利用经典 Boussinesq 方程建立的波浪模型所计算的垂相速度误差将大于 5%。为改善该方程的适用性，在过去的 20 多年间，学者们相继提出了大量改进的 Boussinesq 方程，主要集中在提高方程的色散性、非线性和变浅性能方面，形成了 Boussinesq 类（Boussinesq-type）方程。

Madsen 等[3] 改进了经典方程的线性浅化和色散特性。Madsen 等[4] 于 1992 年在此基础上导出了采用水深平均速度来表达方程中速度的 Boussinesq 方程，使得模型能够适应于缓变地形。基于该控制方程，并通过矩形网格的有限差分方法进行数值离散和求解，丹麦水利研究所（DHI Water& Environment）开发了如今用得最多最广的 MIKE21 BW 商业模块。尽管只有 2 阶精度，但经过多年发展现已包含了能计算波浪破碎、移动岸线等功能。Nwogu[5] 基于任意深度的水质点速度导出了另一套方程。Beji 等[6] 通过在方程中引入特殊参数以增强线性色散关系的精确性，也使上述模型的应用范围上升到 $kh \approx \pi$，垂相速度误差控制在 5%。Wei 等[7]、Gobbi 等[8] 基于两个垂向 z 层的速度导出了色散性精确到 $O(u^4)$ 的强非线性的 Boussinesq 方程，水深范围达到 $kh \approx 4$，方程的速度分布和非线性性能也有较好的精度。发展到后期，Madsen 等[9] 已给出新的适合于较大水深强非线性波的高阶 Boussinesq 方程，模型适应水深可达 $kh \approx 40$。总体来说，Boussinesq 类方程经历了从弱非线性到强非线性、弱色散性到强色散性、从浅水到深水、从低阶到高阶的变化过程。但是对于高精度的 Boussinesq 方程来说，方程的形式越复杂，偏导数的阶数也越高，因此计算效率和成本仍是需要考虑的问题。本章着重讨论以 Boussinesq 方程模型为基础的平面波浪问题，采用的数学模型是求解 Beji 等于 1996 年提出的改进的 Boussinesq 方程[6]，该方程改进了经典方程的线性浅化和色散特性，水深范围达到 $kh \approx \pi$，方程的速度分布和非线性性能也有较好的精度。

数值求解 Boussinesq 类方程最初最常用的方法为传统的有限差分法[1,7]，但其由于网格的限制无法适用于更复杂更不规则的边界。所以学者们逐渐关注针对边界更加灵活的有限元素法[10-12]。除了有限差分法及有限元素法，也有部分学者[13] 采用有限体积法求解 Boussinesq 类方程。而本章将采用广义有限差分法，配合欧拉法以及二阶龙格库塔法求解该方程，对平面波浪通过一些复杂地形以及绕流等物理现象进行模拟探究。

3.1　数学模型

假设三维水槽液体是无黏性不可压缩零涡度流体，采用 Boussinesq 模型进行描述。水面宽度为 a、长度为 b、静止水深为 $h(x,y)$，$\eta(x,y,t)$ 为自由液面上各点位偏离静止水位时的竖直高度，如图 3-1 所示。建立一组波浪数值水槽的卡式坐标系统（xOy），坐标系统的原点如图 3-1 所示。

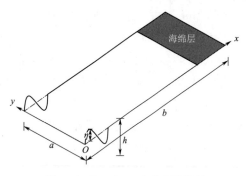

图 3-1　Boussinesq 自由水面模型

自由水面控制域内满足 Beji 等提出的改进 Boussinesq 方程：

$$\eta_t + \nabla[(h+\eta)\overline{u}] = 0 \qquad (3-1)$$

$$\overline{u}_t + g\,\nabla\eta + (\overline{u}\cdot\nabla)\overline{u} = (1+\beta)\frac{h}{2}\,\nabla\left[\nabla\cdot\left(h\,\frac{\partial\overline{u}}{\partial t}\right)\right] + \beta\frac{gh}{2}\,\nabla[\nabla(h\,\nabla\eta)] -$$

$$(1+\beta)\frac{h^2}{6}\,\nabla(\nabla\frac{\partial\overline{u}}{\partial t}) - \beta\frac{gh^2}{6}\,\nabla(\nabla^2\eta) \qquad (3-2)$$

式中：g 为重力加速度；β 为一恒定值，$\beta=0.2$；$\overline{u}=(u,v)$ 为二维平均水深速度向量，u，v 分别为沿 x，y 轴的速度。由于不同水深 h 的二阶项很小，可以忽略其影响，简化式（3-1）、式（3-2）并改写为标量形式：

$$\eta_t + \frac{\partial}{\partial x}(Hu) + \frac{\partial}{\partial y}(Hv) = 0 \qquad (3-3)$$

$$r_t = -u\frac{\partial u}{\partial x} - v\frac{\partial u}{\partial y} - g\frac{\partial\eta}{\partial x} + \frac{\beta g}{3}h^2\frac{\partial^2 c}{\partial x^2} + \frac{\beta g}{3}h^2\frac{\partial^2 d}{\partial x\partial y} + \beta gh\frac{\partial h}{\partial x}\frac{\partial c}{\partial x} +$$

$$\frac{\beta g}{2}h\frac{\partial h}{\partial y}\frac{\partial d}{\partial x} + \frac{\beta g}{2}h\frac{\partial h}{\partial x}\frac{\partial d}{\partial y} \qquad (3-4)$$

$$s_t = -u\frac{\partial v}{\partial x} - v\frac{\partial v}{\partial y} - g\frac{\partial\eta}{\partial y} + \frac{\beta g}{3}h^2\frac{\partial^2 c}{\partial x\partial y} + \frac{\beta g}{3}h^2\frac{\partial^2 d}{\partial y^2} + \beta gh\frac{\partial h}{\partial y}\frac{\partial d}{\partial y} +$$

$$\frac{\beta g}{2}h\frac{\partial h}{\partial x}\frac{\partial c}{\partial y} + \frac{\beta g}{2}h\frac{\partial h}{\partial y}\frac{\partial c}{\partial x} \qquad (3-5)$$

r、s 分别为

$$r = u - \frac{\beta_1}{3}h^2\frac{\partial^2 u}{\partial x^2} - \frac{\beta_1}{3}h^2\frac{\partial^2 v}{\partial x\partial y} - \beta_1 h\frac{\partial h}{\partial x}\frac{\partial u}{\partial x} -$$

$$\frac{\beta_1}{2}h\frac{\partial h}{\partial y}\frac{\partial v}{\partial x} - \frac{\beta_1}{2}h\frac{\partial h}{\partial x}\frac{\partial v}{\partial y} \qquad (3-6)$$

$$s = v - \frac{\beta_1}{3}h^2 \frac{\partial^2 u}{\partial x \partial y} - \frac{\beta_1}{3}h^2 \frac{\partial^2 v}{\partial y^2} - \beta_1 h \frac{\partial h}{\partial y} \frac{\partial v}{\partial y}$$

$$- \frac{\beta_1}{2}h \frac{\partial h}{\partial x} \frac{\partial u}{\partial y} - \frac{\beta_1}{2}h \frac{\partial h}{\partial y} \frac{\partial u}{\partial x} \tag{3-7}$$

式中：$\beta_1 = \beta + 1$，$H = h + \eta$，$c = \partial \eta / \partial x$ 以及 $d = \partial \eta / \partial y$。式（3-3）～式（3-5）在时间上可按二阶龙格库塔法，即代入式 GFDM 进行离散，自由水面区域内部点物理量 u、v、η 初始值为 0。

水槽侧壁（$y=0$ 和 $y=a$）满足不可穿透边界条件：

$$n_x \frac{\partial \eta}{\partial x} + n_y \frac{\partial \eta}{\partial y} = 0 \tag{3-8}$$

$$u n_x + v n_y = 0 \tag{3-9}$$

$$\frac{\partial u}{\partial x}\tau_x n_x + \frac{\partial v}{\partial x}\tau_y n_x + \frac{\partial u}{\partial y}\tau_x n_y + \frac{\partial v}{\partial y}\tau_y n_y = 0 \tag{3-10}$$

式中：$n = (n_x, n_y)$ 和 $\tau = (\tau_x, \tau_y)$ 分别为对应不可穿透边界的法向量和切向量。

左边（$x=0$）为造波条件，通过线性理论获得入射波：

$$u\big|_{x=0} = \frac{\omega}{kh}\eta R_m \cos\theta \tag{3-11}$$

$$v\big|_{x=0} = \frac{\omega}{kh}\eta R_m \sin\theta \tag{3-12}$$

$$\eta\big|_{x=0} = \frac{H}{2} R_m \cos(\omega t) \tag{3-13}$$

式中：θ 为波浪入射角（与 x 轴夹角）；$k = 2\pi/L$ 为波数；ω 为入射波角加速度；H 为入射波波高。为保证数值波浪计算的稳定性同样需引入一个放大函数 R_m［见式（2-3）、式（2-4）］，T_m 取 $2T$。

出流边界为保证出流波浪不反射，需在开边界前设置"海绵层"对波浪进行衰减。Larsen 和 Dancy 于 1983 年提出二维平面"海绵层"衰减系数 $\mu(x,y)$[12]：

$$\mu(x,y) = \begin{cases} \exp\left[(2^{-d/\Delta d} - 2^{-d_s/\Delta d})\ln\alpha\right], & 0 \leqslant d \leqslant d_s \\ 1, & d_s < d \end{cases} \tag{3-14}$$

式中：d 为"海绵层"中的计算点到出流边界的距离；d_s 为"海绵层"长度，一般取 1～2 个波长；在本案例中，Δd 取 0.2～0.3，α 取 4，收缩效果较好。程序运行时，在每一步时间步计算完成后，"海绵层"波面每个点所对应 η、u、v 都需除以衰减系数 $\mu(x,y)$ 使波能逐渐衰减。另外出流边界条件为

$$u\big|_{x=b} = 0, \quad v\big|_{x=b} = 0, \quad \eta\big|_{x=b} = 0 \tag{3-15}$$

Boussinesq 平面波浪问题较为复杂，为简化问题，本章将基于欧拉法对波浪问题进行研究。在欧拉法模式下，内部点坐标是固定的，每个时刻下，每点所对应的波高及平面速度可采用广义有限差分法根据式（2-3）～式（2-7）演算，并除以衰减系数，如此重复直到终点时间为止。

3.2　利用 GFDM 求解过程

t^{k+1} 时刻下，在计算区域内有 N 个点，内部点点数为 n_i、n_{b1}、n_{b2}、n_{b3} 和 n_{b4} 分别为入流边界、出流边界、两侧边壁的点数。针对不同物理量 u、v、η，已知每点的坐标，与 2.2 节类似。

（1）对于自由水面 η：

1）内部点满足 Boussineq 方程：

$$\eta_i^{k+1} = f_{\eta i}, \quad i = 1, 2, 3, \cdots, n_i \tag{3-16}$$

其中 $\{f_{\eta i}\}_{i=1}^{n_i}$ 为 Boussineq 方程式（3-3）计算出的物理量。

2）入射边界满足入射波条件：

$$\eta_i^{k+1} = \frac{H_i}{2} R_m \cos(\omega t^{k+1}), \quad i = n_i + 1, n_i + 2, n_i + 3, \cdots, n_i + n_{b1} \tag{3-17}$$

3）出流边界为 0：

$$\eta_i^{k+1} = 0, \quad i = n_i + n_{b1} + 1, n_i + n_{b1} + 2, n_i + n_{b1} + 3, \cdots, n_i + n_{b1} + n_{b2} \tag{3-18}$$

4）侧壁满足不可穿透条件：

$$\left. \frac{\partial \eta^{k+1}}{\partial y} \right|_i = w_0^{y,i} \eta_i^{k+1} + \sum_{j=1}^{n_s} w_j^{y,i} \eta_j^{k+1,i} = 0,$$

$$i = n_i + n_{b1} + n_{b2} + 1, \cdots, n_i + n_{b1} + n_{b2} + n_{b3}, n_i + n_{b1} + n_{b2} + n_{b3} + 1, \cdots, N \tag{3-19}$$

通过式（3-16）～式（3-19）可得到线性方程组：

$$[E_\eta]_{N \times N} \{\eta^{k+1}\}_{N \times 1} = \{g_\eta\}_{N \times 1} \tag{3-20}$$

式中：$[E_\eta]$ 为关于 η 的稀疏系数矩阵；$\{g_\eta\}$ 为关于 η 的控制方程与边界条件的非齐次项，通过求解方程组并除以衰减系数 $\mu(x, y)$ 可得该时刻每点物理量 η_i^{k+1}（$i = 1, 2, 3, \cdots, N$）。

（2）对于平面速度 u、v 需联立求解。

1）内部点满足 Boussineq 方程：

$$u_i^{k+1} - \frac{\beta_1}{3} h_i^2 \left. \frac{\partial^2 u^{k+1}}{\partial x^2} \right|_i - \frac{\beta_1}{3} h_i^2 \left. \frac{\partial^2 v^{k+1}}{\partial x \partial y} \right|_i - \beta_1 h_i \left. \frac{\partial h}{\partial x} \right|_i \left. \frac{\partial u^{k+1}}{\partial x} \right|_i - \frac{\beta_1}{2} h_i \left. \frac{\partial h}{\partial y} \right|_i \left. \frac{\partial v^{k+1}}{\partial x} \right|_i -$$

$$\frac{\beta_1}{2} h_i \left. \frac{\partial h}{\partial x} \right|_i \left. \frac{\partial v^{k+1}}{\partial y} \right|_i = u_i^{k+1} - \frac{\beta_1}{3} h_i^2 \left(w_0^{xx,i} u_i^{k+1} + \sum_{j=1}^{n_s} w_j^{xx,i} u_j^{k+1,i} \right) - \beta_1 h_i \cdot$$

$$\left(w_0^{x,i} h_i + \sum_{j=1}^{n_s} w_j^{x,i} h_j^i \right) \left(w_0^{x,i} u_i^{k+1} + \sum_{j=1}^{n_s} w_j^{x,i} u_j^{k+1,i} \right) - \frac{\beta_1}{3} h_i^2 \left(w_0^{xy,i} v_i^{k+1} + \sum_{j=1}^{n_s} w_j^{xy,i} v_j^{k+1,i} \right) -$$

$$\frac{\beta_1}{2} h_i \left(w_0^{y,i} h_i + \sum_{j=1}^{n_s} w_j^{y,i} h_j^i \right) \left(w_0^{x,i} v_i^{k+1} + \sum_{j=1}^{n_s} w_j^{x,i} v_j^{k+1,i} \right) - \frac{\beta_1}{2} h_i \left(w_0^{x,i} h_i + \sum_{j=1}^{n_s} w_j^{x,i} h_j^i \right) \cdot$$

$$\left(w_0^{y,i} v_i^{k+1} + \sum_{j=1}^{n_s} w_j^{y,i} v_j^{k+1,i} \right) = r_i^{k+1}, \quad i = 1, 2, 3, \cdots, n_i \tag{3-21}$$

$$-\frac{\beta_1}{3}h_i^2\frac{\partial^2 u^{k+1}}{\partial x \partial y}\bigg|_i - \frac{\beta_1}{2}h_i\frac{\partial h}{\partial x}\bigg|_i\frac{\partial u^{k+1}}{\partial y}\bigg|_i - \frac{\beta_1}{2}h_i\frac{\partial h}{\partial y}\bigg|_i\frac{\partial u^{k+1}}{\partial x}\bigg|_i + v_i^{k+1} - \frac{\beta_1}{3}h_i^2\frac{\partial^2 v^{k+1}}{\partial y^2}\bigg|_i -$$

$$\beta_1 h_i\frac{\partial h}{\partial y}\bigg|_i\frac{\partial v^{k+1}}{\partial y}\bigg|_i = -\frac{\beta_1}{3}h_i^2\left(w_0^{xy,i}u_i^{k+1} + \sum_{j=1}^{n_s}w_j^{xy,i}u_j^{k+1,i}\right) - \frac{\beta_1}{2}h_i\left(w_0^{x,i}h_i + \sum_{j=1}^{n_s}w_j^{x,i}h_j^i\right)\bullet$$

$$\left(w_0^{y,i}u_i^{k+1} + \sum_{j=1}^{n_s}w_j^{y,i}u_j^{k+1,i}\right) - \frac{\beta_1}{2}h_i\left(w_0^{y,i}h_i + \sum_{j=1}^{n_s}w_j^{y,i}h_j^i\right)\left(w_0^{x,i}u_i^{k+1} + \sum_{j=1}^{n_s}w_j^{x,i}u_j^{k+1,i}\right) +$$

$$v_i^{k+1} - \frac{\beta_1}{3}h_i^2\left(w_0^{yy,i}v_i^{k+1} + \sum_{j=1}^{n_s}w_j^{yy,i}v_j^{k+1,i}\right) - \beta_1 h_i\left(w_0^{y,i}h_i + \sum_{j=1}^{n_s}w_j^{y,i}h_j^i\right)\bullet$$

$$\left(w_0^{y,i}v_i^{k+1} + \sum_{j=1}^{n_s}w_j^{y,i}v_j^{k+1,i}\right) = s_i^{k+1}, i = 1,2,3,\cdots,n_i \qquad (3-22)$$

其中 $\{r_i^{k+1}\}_{i=1}^{n_i}$、$\{s_i^{k+1}\}_{i=1}^{n_i}$ 为由式（3-4）及式（3-5）计算出的数值。

2）入射边界满足入射波条件：

$$u_i^{k+1} = \frac{\omega}{kh}\eta_i^{k+1}R_m\cos\theta, i = n_i+1, n_i+2, n_i+3, \cdots, n_i+n_{b1} \qquad (3-23)$$

$$v_i^{k+1} = \frac{\omega}{kh}\eta_i^{k+1}R_m\sin\theta, i = n_i+1, n_i+2, n_i+3, \cdots, n_i+n_{b1} \qquad (3-24)$$

3）出流边界为 0：

$$u_i^{k+1} = 0, i = n_i+n_{b1}+1, n_i+n_{b1}+2, n_i+n_{b1}+3, \cdots, n_i+n_{b1}+n_{b2} \qquad (3-25)$$

$$v_i^{k+1} = 0, i = n_i+n_{b1}+1, n_i+n_{b1}+2, n_i+n_{b1}+3, \cdots, n_i+n_{b1}+n_{b2} \qquad (3-26)$$

4）侧壁满足不可穿透条件：

$$\frac{\partial u^{k+1}}{\partial y}\bigg|_i = w_0^{y,i}u_i^{k+1} + \sum_{j=1}^{n_s}w_j^{y,i}u_j^{k+1,i} = 0,$$

$$i = n_i+n_{b1}+n_{b2}+1, \cdots, n_i+n_{b1}+n_{b2}+n_{b3}, n_i+$$

$$n_{b1}+n_{b2}+n_{b3}+1, \cdots, N \qquad (3-27)$$

$$v_i^{k+1} = 0,$$

$$i = n_i+n_{b1}+n_{b2}+1, \cdots, n_i+n_{b1}+n_{b2}+n_{b3}, n_i+n_{b1}+n_{b2}+n_{b3}+1, \cdots, N$$

$$(3-28)$$

通过式（3-21）～式（3-28）可得到联立线性方程组：

$$[E_{uv}]_{2N\times2N}\begin{Bmatrix}u^{k+1} \\ v^{k+1}\end{Bmatrix}_{2N\times1} = \{g_{uv}\}_{2N\times1} \qquad (3-29)$$

式中：$[E_{uv}]$ 为关于 u、v 的稀疏系数矩阵；$\{g_{uv}\}$ 为关于 u、v 的控制方程与边界条件的非齐次项。通过求解方程组并除以衰减系数 $\mu(x,y)$ 可得该时刻每点物理量 u_i^{k+1} 和 $v_i^{k+1}(i=1,2,3,\cdots,N)$。

3.3　工程案例

3.3.1　波浪吸收边界验证

为了测试"海绵层"处理效果的有效性以及利用广义有限差分法运用在 Boussinesq 模型中的可行性，对规则正弦波在水槽中传播进行了模拟。狭长水槽宽度为 $a=0.15\mathrm{m}$，长度为 $b=15\mathrm{m}$，静止水深 $h=0.5\mathrm{m}$。入射波浪波高 $H=0.03\mathrm{m}$，周期 $T=1\mathrm{s}$，波长 $\lambda=1.5\mathrm{m}$，波浪入射角 $\theta=0°$。在水槽末端有一个 3m 长的"海绵层"，Δd 取 0.25，总测试时间为 $t=50T$。图 3 - 2 为自由水面中心质点的不同点数、不同 Δt 数值测试结果对比，发现随着总布点数的增加，时间步长 Δt 缩短，数值计算结果趋于稳定。图 3 - 3 为 $t=49T\sim50T$ 各时刻水面轮廓图（$N=3002$，$\Delta t=0.005$，$n_\mathrm{s}=15$），并与 Li 等的 FEM 数值结果[10] 做对比，对比结果良好。从图 3 - 3（e）中可以看出尽管波浪传播了较长时间，"海绵层"前的波浪形态还能较好地满足初始给定的入射造波条件（即波高与波长），表明在该数值模型下的波浪反射效应对前进的波浪影响甚微，可运用于接下来的波浪传播模型中。

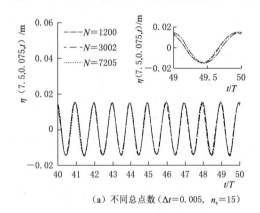

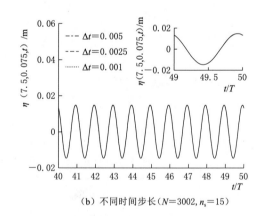

（a）不同总点数（$\Delta t=0.005$，$n_\mathrm{s}=15$）　　　　　（b）不同时间步长（$N=3002$，$n_\mathrm{s}=15$）

图 3 - 2　计算区域自由水面中心质点振幅比较

3.3.2　圆柱周围波浪涌高计算

典型的海洋工程结构多为圆柱形，为了验证该数值模型对于复杂边界的有效性，本节利用广义有限差分法模拟波浪经过一圆柱后的涌高问题。Isaacson 曾做过关于圆柱爬高的物理实验[14]，本节使用 Isaacson 试验中的一个案例作为数值模型。如图 3 - 4 所示，水槽的宽 $a=3.4\mathrm{m}$，长 $b=6.8\mathrm{m}$，静止水深 $h=0.08\mathrm{m}$，水槽区域正中心圆柱

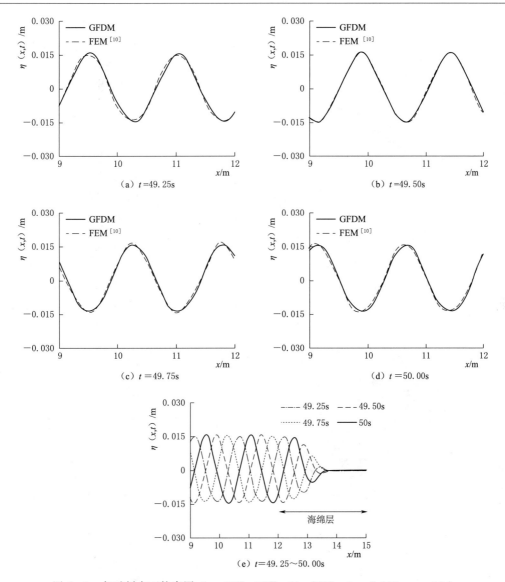

图 3-3 各时刻水面轮廓图 ($t = 49T \sim 50T$, $N = 3002$, $\Delta t = 0.005$, $n_s = 15$)

半径 $r = 0.25\mathrm{m}$。

入射波浪波高 $H = 0.03\mathrm{m}$, 周期 $T = 1.4\mathrm{s}$, 波数 $k = 5.2\mathrm{m}^{-1}$, 波浪入射角 $\theta = 0°$。"海绵层"长度设置为 1.5m, Δd 取 0.2, 总测试时间为 $t = 10\mathrm{s}$。定义圆柱周围的涌高参数为 $R(\alpha)/H$, 其中 α 为与 x 正方向的夹角, $R(\alpha)$ 为圆柱边界每点计算时间内最大浪高, 圆柱边界满足不可穿透边界条件, 即式 (3-8) ~式 (3-10)。本案例选点数

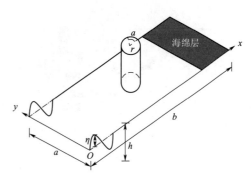

图 3-4 波浪过圆柱模型

$n_s=15$，时间步长 $\Delta t=0.01$，总点数 $N=39268$。图 3-5 为圆柱不同角度下的涌高参

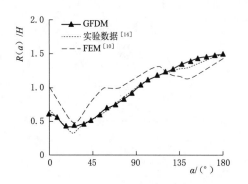

图 3-5　圆柱不同角度的涌高参数图
（$N=39268$，$\Delta t=0.01$，$n_s=15$）

数图，以及计算结果与 Isaacson 试验结果[14] 和 Li 等[10] 的数值结果进行比较，发现三者比较接近，且趋势基本一致。从图 3-5 可以看出圆柱周围各个角度的涌高变化不同，迎浪面（90°～270°）波浪涌高较为明显，最高相比入射波高可增加约 50%（180°）；背浪面（270°～90°）波高对称呈减小再逐渐增加的趋势，0°处波浪也发生少量涌高，但远小于迎浪面的涌高。相比较于别的数值方法，无网格法更适用于模拟复杂形状的

流场，本案例中，圆柱边界附近的计算点也可根据边界形状排布，模拟结果也更接近于试验所测结果。图 3-6 为不同时刻瞬时水面图，可以很准确地反映出圆柱波浪的绕流情况。

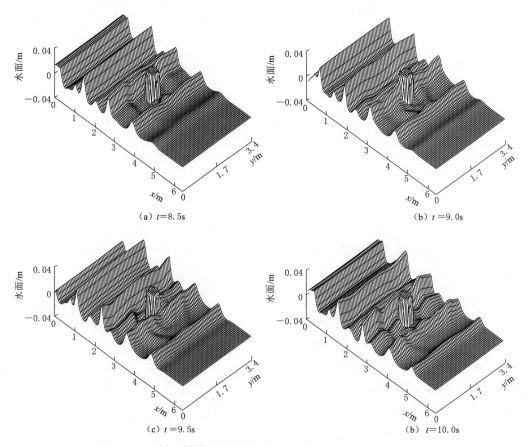

（a）$t=8.5\text{s}$　　　　　　　（b）$t=9.0\text{s}$

（c）$t=9.5\text{s}$　　　　　　　（b）$t=10.0\text{s}$

图 3-6　不同时刻瞬时水面图（$N=39268$，$\Delta t=0.01$，$n_s=15$）

3.3.3 港池内波浪数值计算

为了研究波浪对双突堤后的港池内的流场的影响，大连理工大学柳淑学教授等进行了相关的试验研究[11]，现对试验中一些案例进行数值模拟并与实验结果进行对比。他们的试验装置如图 3-7 所示，在一个 $26m \times 27m$ 波动水槽中，两个厚 $0.35m$ 防波堤位于造波机前 $7m$ 处，防波堤之间的距离 B 取 $3.92m$ 或 $7.85m$，在防波堤前沿，以及出流的三边置放消能装置（$0.8m$ 宽范围内），以减少试验中的波浪反射。

在本节研究中，受计算时间的限制，计算区域将把试验区域缩小，由于防波堤的迎浪面有消能装置，所以可以对试验区域做一定的简化，如图 3-8 所示，$a = 12m$，$b = 24m$，防波堤之间的距离 B 取 $3.92m$ 或 $7.85m$，水深为 $0.4m$，三个方向布置宽 $1.96m$（1 个波长）的"海绵层"。入射波浪波高 $H = 0.05m$，周期 $T = 1.2s$，波长 $\lambda = 1.96m$，主波向 θ 取 $0°$，总计算时间为 $40s$（图 3-9）。

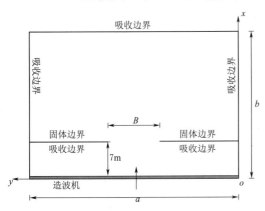

图 3-7 双突堤港池实验装置

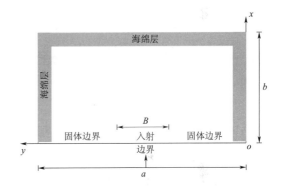

图 3-8 双突堤港池实验数值模拟计算区域

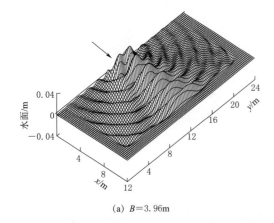

(a) $B = 3.96m$

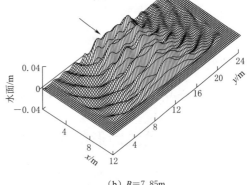

(b) $B = 7.85m$

图 3-9 $t = 40s$ 计算区域水面图（$N = 29156$，$\Delta t = 0.01$，$n_s = 22$）

本案例选点数 $n_s = 22$，时间步长 $\Delta t = 0.01$，总点数 $N = 29156$。图 3-10 为不同工况下位于 $x/\lambda = 3$ 处横截面的绕流系数分布图，并将试验结果[10] 与前人数值结果做对比[3]，图 3-11 为不同工况下流场全域绕流系数分布图。规则波绕流系数 K_d 按下式定义[16]：

$$K_d = \frac{H_d}{H} \qquad\qquad (3-30)$$

式中：H_d 为港池内波浪波高，这里可定义为在一个稳定波浪周期内，自由表面最高水位与最低水位之差即 $H_d = \eta_{\max} - \eta_{\min}$；$H$ 为入射波高。数值计算结果与试验结果基本一致，但存在差别。其原因是由于在数值模拟过程中，海绵层长度为一个波长，而在模型试验中堤前消能器的宽度为 0.8m，消能长度的差别会影响港池内波浪特性；并且本数值简化模型中忽略了半圆堤头对港内波浪分布的影响。

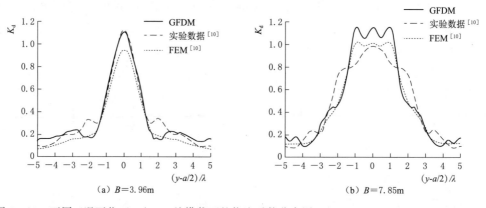

图 3-10　不同工况下位于 $x/\lambda = 3$ 处横截面的绕流系数分布图（$N = 29156$，$\Delta t = 0.01$，$n_s = 22$）

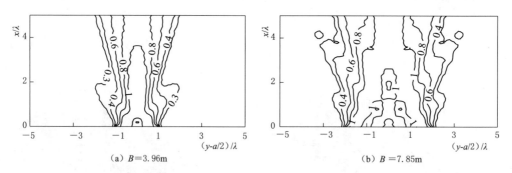

图 3-11　不同工况下流场全域绕流系数分布图（$N = 29156$，$\Delta t = 0.01$，$n_s = 22$）

3.3.4　半圆浅滩地形的波浪绕流计算

从 3.3.4 节开始主要对波浪通过一些变化的复杂地形进行模拟，Madsen[9] 在半圆浅滩地形（透镜地形）上进行了一系列有关波浪集中的物理模型试验，对波浪的折射及浅化作用进行了观察和分析，试验结果已被众多研究人员采用来验证各种数值模型的精度。试验中，水槽的地形范围为 $a = 6.096$m，$b = 36.576$m，如图 3-12 所示，试验范围内的水深为

$$h(x,y)=\begin{cases}0.4572, & 0\leqslant x<10.67-G\\0.4572+(10.67-G-x)/25, & 10.67-G\leqslant x<18.29-G\\0.1524, & 18.29-G\leqslant x\leqslant 21.34\end{cases}$$

$$(3-31)$$

这里 $G(x)=[y(6.096-y)]^{1/2}$，$0\leqslant y\leqslant 6.096$。

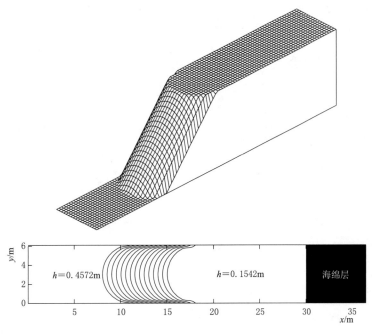

图 3-12　水槽试验地形图

这里讨论模型试验中的一个案例，左边入射波浪波高 $H=0.015\text{m}$，周期 $T=2\text{s}$，波长 $\lambda=3.9\text{m}$，波浪入射角 $\theta=0°$，水槽尾端"海绵层"的宽度为 6.576m，Δd 取 0.2。本案例总计算时间为 $t=50\text{s}$，选点数 $n_s=15$，时间步长 $\Delta t=0.01$，总点数 $N=85561$。图 3-13 为 $t=49.5\text{s}$ 时中心线（$y=3.048\text{m}$）的自由面，并与有限元法以及有限差分法的计算结果进行对比[3-4]，可以看出三种数值模拟结果相当接近，说明该数值模型能较好地模拟波浪的绕流传播过程。另外，从图 3-13 中

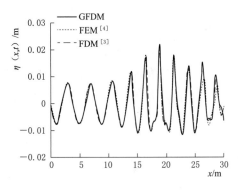

图 3-13　$t=49.5\text{s}$ 时中心线（$y=3.048\text{m}$）自由面（$N=85561$，$\Delta t=0.01$，$n_s=15$）

可以看出，入射波浪为基于线性理论的线性波，但是波浪传播至半圆浅滩时，波浪变陡，非线性增强。图 3-14 为不同时刻下自由面水面三维视图，可以清楚地反映出线性波浪由于地形的折射向中线集中及非线性变化的物理现象，波浪向中线集中后，波

浪能量将由于地形造成的绕流而逐渐降低。

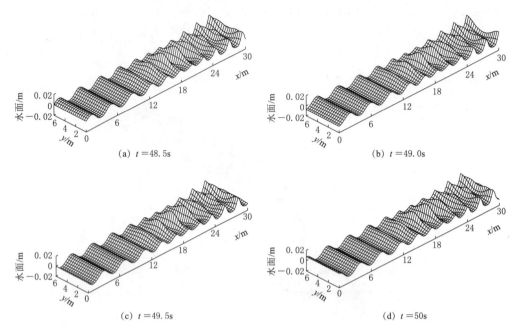

（c）$t=49.5\mathrm{s}$　　　　　　　　　　　　　（d）$t=50\mathrm{s}$

图 3 - 14　不同时刻自由面水面三维图（$N=85561$，$\Delta t=0.01$，$n_\mathrm{s}=15$）

3.3.5　椭圆形浅滩上波浪绕射折射计算

本节基于 Berkhoff 等[16] 所做的椭圆形浅滩上的波浪折、绕射试验所建立的数值模型进行了相关的研究。计算区域将试验区域简化为长 $b=27\mathrm{m}$，宽度为 $a=14\mathrm{m}$。坐标原点 O 取在 $b=15\mathrm{m}$，$a=7\mathrm{m}$ 的位置。区域内的斜面底床水深为

$$h_0(x,y)=\begin{cases}0.45, & y_r\leqslant-5.82\\ 0.45-0.02(5.82+y_r), & y_r>-5.82\end{cases} \tag{3-32}$$

底床上有一个椭圆浅滩，那么水深满足：

$$h(x,y)=\begin{cases}h_0(x,y), & \left(\dfrac{x_r}{4}\right)^2+\left(\dfrac{y_r}{3}\right)^2\geqslant1 \text{ 且 } h_0>0.125\\ 0.125, & h_0\leqslant0.125\\ h_0(x,y)+0.3-0.5\sqrt{1-\left(\dfrac{x_r}{5}\right)^2-\left(\dfrac{y_r}{3.75}\right)^2}, & \left(\dfrac{x_r}{4}\right)^2+\left(\dfrac{y_r}{3}\right)^2<1\end{cases}$$
$$\tag{3-33}$$

其中 $x_r=y\cos20°+x\sin20°$，$y_r=-y\sin20°+x\cos20°$。

地形图如图 3 - 15 所示，左边界入射波浪波高 $H=0.0464\mathrm{m}$，周期 $T=1\mathrm{s}$，$\lambda=1.485\mathrm{m}$，波浪入射角 $\theta=0°$，右侧边界"海绵层"的宽度为 $2\mathrm{m}$，Δd 取 0.3。本案例总计算时间为 $t=40\mathrm{s}$，选点数 $n_\mathrm{s}=15$，时间步长 $\Delta t=0.001$，总点数 $N=74659$。图 3 - 16 为不同断面的标准化波高 H_d/H（H_d 为计算区域内稳定周期内波浪波高，且 $H_d=\eta_{\max}-\eta_{\min}$）

3.3 工程案例

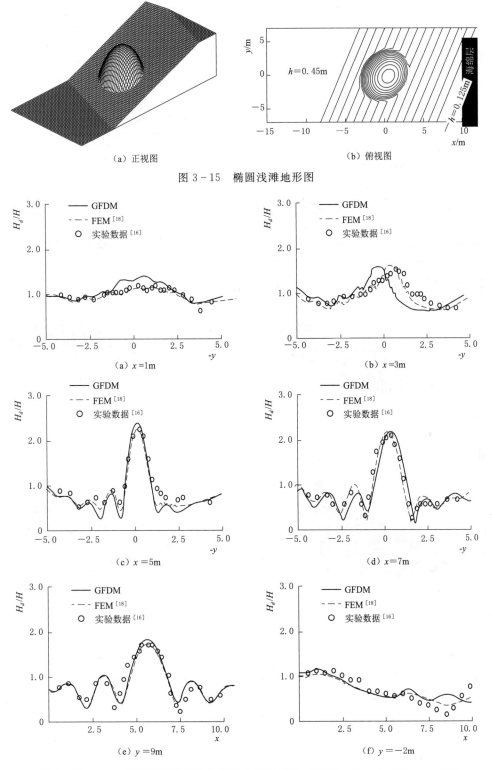

（a）正视图　　　　　　　　（b）俯视图

图 3-15　椭圆浅滩地形图

（a）$x=1$m　　　（b）$x=3$m　　　（c）$x=5$m　　　（d）$x=7$m　　　（e）$y=9$m　　　（f）$y=-2$m

图 3-16（一）　不同断面的标准化波高分布图（$N=74659$，$\Delta t=0.001$，$n_s=15$）

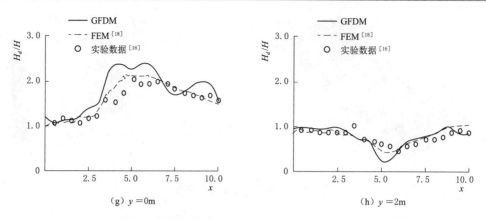

（g）$y=0$m　　　　　　　　　　（h）$y=2$m

图 3-16（二）　不同断面的标准化波高分布图（$N=74659$，$\Delta t=0.001$，$n_s=15$）

与试验结果[16] 以及 FEM 数值结果[17] 的对比，可以看出三种结果相当接近，说明该数值模型能较好地模拟波浪绕射折射过程。图 3-17 为一个周期内不同时刻下自由面水面三维视图，可以清楚地反映出由于椭圆浅滩造成的波浪变形。

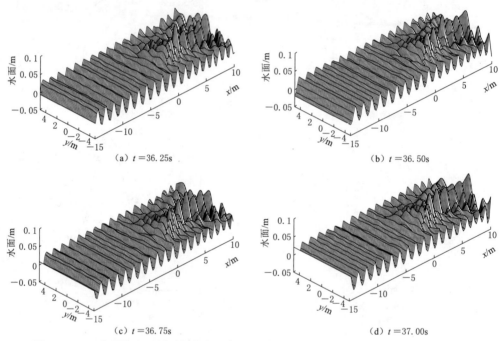

（a）$t=36.25$s　　　　　　　　　　（b）$t=36.50$s

（c）$t=36.75$s　　　　　　　　　　（d）$t=37.00$s

图 3-17　一个周期内不同时刻自由面水面三维图（$N=74659$，$\Delta t=0.001$，$n_s=15$）

读者可阅读文献［19］和文献［20］，以对本章有更为深刻的理解。

参　考　文　献

［1］　BOUSSINESQ J. Theory of wave and swells propagated in long horizontal rectangular canal and imparting to the liquid contained in this canal ［J］. Journal de Mathematiques pures et appliquees,

1872，17（2）：55 - 108.

[2] PEREGRINE D H. Long wave on a beach [J]. Journal of Fluid Mechanics, 1967，27（4）：815 - 827.

[3] MADSEN P A, MURRAY R, SØRENSEN O R. A new form of the Boussinesq equations with improved linear dispersion characteristics [J]. Coastal Engineering, 1991，15（4）：371 - 388.

[4] MADSEN P A, SØRENSON O R. A new form of Boussinesq equations with improved linear dispersion characteristics, Part 2: A slowly-varying bathymetry [J]. Coastal Engineering, 1992，3 - 4（18）：183 - 204.

[5] NWOGU O. Alternative form of Boussinesq equations for nearshore wave propagation [J]. Journal of water way, Port, Coastal, and ocean Engineering, 1993，119（6）：618 - 638.

[6] BEJI S, NADAOKA K. A formal derivation and numerical modeling of the improved Boussinesq equations for varying depth [J]. Ocean Engineering, 1996，23（8）：691 - 704.

[7] WEI G, KIRBY J T, GRILLI S T. A fully nonlinear Boussinesq model for surface waves, Part 1: Highly nonlinear unsteady waves [J]. Journal of Fluid Mechanics, 1995，294：71 - 92.

[8] GOBBI M F, KIRBY J T, WEI G. A fully nonlinear Boussinesq model for surface waves, Part 2: Extension to O (kh) (4) [J]. Journal of Fluid Mechanics, 2000，405：181 - 210.

[9] MADSEN P A, FUHRMAN D R, WANG B. A Boussinesq-type method for fully nonlinear waves interacting with a rapidly varying bathymetry [J]. Coastal Engineering, 2006，53（5）：487 - 504.

[10] LI Y S, LIU S X, YU Y X, et al. Numerical modeling of Boussinesq equations by finite element method [J]. Coastal Engineering, 1999，37（2）：97 - 122.

[11] LIU S X, SUN Z B, LI J X. An unstructured FEM model based on Boussinesq equations and its application to the calculation of mulfidirectional wave run-up in a cylinder group [J]. Applied Mathematical Modeling, 2012，36（9）：4146 - 4164.

[12] LARSEN J, DANCY H. Open boundaries in short wave simulation—a new approach [J]. Coastal Engineering, 1983，7（3）：285 - 297.

[13] KAZOLEA M, DELIS A I, NIKOLOS I K, et al. An unstructured finite volume numerical scheme for extended 2D Boussinesq-type equations [J]. Coastal Engineering, 2012，69：42 - 66.

[14] ISAACSON M D S Q. Wave runup around large circular-cylinder [J]. Journal of the waterway port coastal and ocean division-ASCE, 1978，104（1）：69 - 79.

[15] RICCHIUTO M, FILIPPINIB A G. Upwind residual discretization of enhanced Boussinesq equations for wave propagation over complex bathymetries [J]. Journal of Computational Physics, 2014，271：306 - 341.

[16] BERKHOFF J C W, BOOY N, RADDER A C. Verification of numerical wave propagation models for simple harmonic linear water waves [J]. Coastal Engineering, 1982，6（3）：255 - 279.

[17] WHALIN R W. The limit of applicability of linear wave refraction theory in a convergence zone [R]. Res. Rep. H - 71 - 3, U. S. Army Corps of Engineers, Waterways Experiment Station, Vicksburg, M. S. , 1971.

[18] WALKLEY M, BERZINS M. A finite element method for the two-dimensional extended Boussinesq equations [J]. International Journal for Numerical Methods in Fluids, 2002，39（10）：865 - 885.

[19] 任聿飞. 基于广义有限差分法分析二维自由水面波动问题 [D]. 福州：福州大学，2016.

[20] ZHANG T , LIN Z H , HUANG G Y , et al. Solving Boussinesq equations with a meshless finite difference method [J]. Ocean Engineering, 2020，198：106957.

第4章 GFDM 在输流直管横向振动中的应用

不同支撑条件的输流管道在生活和工业中有着广泛的运用。当管道在输流过程中，因内部流体流动会在管道边壁上施加力的作用，使管道偏离中心轴线，造成振动，并最终导致管道的长期疲劳失效，而不同支撑条件对其振动特性也有较大的影响。

从 19 世纪 80 年代到 21 世纪初，不少研究学者主要从模型假设、管道形状、支撑条件、流速的表达形式等方面，对单跨输流管道的振动特性（固有特性和动态特性）进行一系列研究。早在 19 世纪 80 年代，Païdoussis 等[1] 首次观察到流体引起的管道振动现象后，输流管道振动问题就引起国内外诸多学者的极大兴趣。1939 年，Bourrières[2] 推导了管道的非线性运动方程，并详细分析了悬臂管道的稳定性问题，但因计算工具落后，没能求解出引起管系共振所对应的临界流速。过了 11 年，Ashley 和 Haviland[3] 针对横跨阿拉伯输油管道工程，研究了输流管道模型简化为梁模型的自由振动和强迫振动问题。Feodosev[4] 和 Niordson[5] 分别在 1951 年和 1953 年采用不同的数值方法，推导了两端简支下单跨输流管道线性运动微分方程，并且对其动力学问题进行相关探究，揭示影响输流管道振动的主要因素，几年之后，Li 和 Dimaggio[6] 便验证了 Niordson 的结果。Païdoussis[7] 在 1974 年基于欧拉-伯努利梁模型，考虑流体水力参数（流体的脉动性质）、管道几何特性参数（管道的黏弹性阻尼）、拉压荷载和自身重力等方面的影响，推导出迄今为止公认的较为完整的流体-管道耦合振动方程；并在 1987 年对输流管道的线性振动作了阐述[8]，同时他指出在两端支撑（固支-固支、固支-简支、简支-简支）和悬臂支撑（固支-自由）管道内的流体力分别属于保守力和非保守力，并分析了两者在临界流速下的失稳现象，即两端支撑输流管道因流体引起的静力屈曲而出现发散失稳，悬臂输流管道因振幅变化而出现颤振失稳，且发现失稳临界流速取决于质量比[9]、管道黏性、边界条件、管道地基的刚度等因素。之后，Holmes[10-11] 将 Païdoussis 推导的管道振动方程转化为无量纲形式，对管道四维空间系统进行研究，证实了 Paidoussis 指出的失稳现象之外，还存在与模态耦合颤振有关的失稳形式。

2000—2001 年，倪樵等[12-15] 以边界条件为弹性-弹性的单跨输流管道为对象，分析管道几何特性参数对系统稳定性产生的影响。Li 等[16] 于 2017 年研究了五种不同支撑下（简支-简支、简支-固支、固支-固支、固支-自由和弹性-弹性）单跨输流直管的自由振动特性。随后，研究者在对单跨输流管道非线性振动问题的研究时，发现了在线性振动的基础上没有得到的一些结论。2003 年，Lim 等[17] 对悬臂支撑的输流直管进行了非线性动力学分析，并解释说明颤振模态形状与对应的特征值轨迹之间的复杂关系。2014 年，Ghaitani 等[18] 不满足于只在普通地基上对管道的研究，因此将输送粘滞液体的管道嵌在弹性地基上，并对其非线性振动响应特性进行研究，发现管内流体水力参数（流体流速、流体黏度）对管道非线性频率和不稳定性有着较大的影响。2018 年，朱晨光和徐思朋[19] 针对两端简支支撑下功能梯度输流管道的非线性自由振动问题，分析管内流体流速、管厚和功能梯度等参数对管道振动频率的影响。因此，输流管道动态响应的研究显得尤为重要。

本章针对空间含有四阶偏导项和时间含有二阶偏导项的两端支撑输流管道横向运动微分方程，采用 GFDM 法和 Houblot 方法分别对微分方程的空间项和时间项进行离散，建立一种新的高阶精度数值模式，通过与前人的数值计算结果对比，验证本章所提出的数值模型在求解输流直管振动相关问题上的准确性和可行性，在此基础上，分析三种不同支撑条件（两端简支、两端固支和一端固支一端简支）对输流直管模型横向振动响应特性的影响。

4.1 定常流作用下输流直管运动微分方程及边界条件

考虑两端支撑输流直管，管道长度为 L，沿管道中轴线方向为 x 轴，沿管道横向方向为 y 轴。忽略重力、内部阻尼和流体压力的影响，考虑温度荷载及其引起的轴向张力和动水压力的影响，其横向运动微分方程可表述为[20]

$$EI\frac{\partial^4 y}{\partial x^4} + 2m_f U\frac{\partial^2 y}{\partial x \partial t} + (m_f U^2 + pA_f + A\gamma\Delta T - P)\frac{\partial^2 y}{\partial x^2} + (m_f + m_p)\frac{\partial^2 y}{\partial t^2} = 0$$

$$(4-1)$$

式中：$EI\ \partial^4 y/\partial x^4$ 为弹性恢复力；$2m_f U\ \partial^2 y/(\partial x \partial t)$ 为科氏力；$m_f U^2\ \partial^2 y/\partial x^2$ 为离心力；$(m_f + m_p)\ \partial^2 y/\partial t^2$ 为惯性力；$pA_f\ \partial^2 y/\partial x^2$ 为动水压力；E 为管道的弹性模量；I 为管道的横截面惯性矩；m_f 和 m_p 分别为单位长度管内流体的质量和管道的质量；p 为管内液体压强；A_f 为管内流体截面积；A 为管道的横截面积；ΔT 为温度增量；γ 为压力-温度系数；U 为流体流速；P 为轴向张力。

常见两端支撑边界条件有两端固支、两端简支和一端固支一端简支，如图 4-1 所示。其表达式可表述如下。

（1）两端固支：

$$y(0,t)=0, \quad y(1,t)=0, \quad \frac{\partial y(0,t)}{\partial x}=0, \quad \frac{\partial y(1,t)}{\partial x}=0 \qquad (4-2)$$

（2）两端简支：

$$y(0,t)=0, \quad y(1,t)=0, \quad \frac{\partial^2 y(0,t)}{\partial x^2}=0, \quad \frac{\partial^2 y(1,t)}{\partial x^2}=0 \qquad (4-3)$$

（3）一端固支一端简支：

$$y(0,t)=0, \quad y(1,t)=0 \quad \frac{\partial y(0,t)}{\partial x}=0, \quad \frac{\partial^2 y(1,t)}{\partial x^2}=0 \qquad (4-4)$$

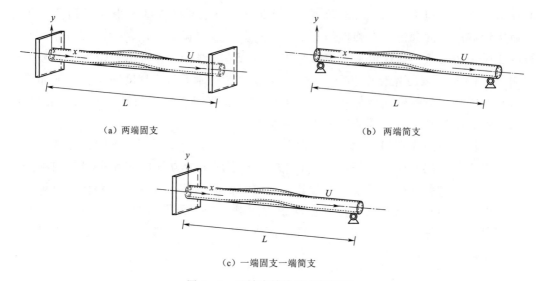

（a）两端固支　　　　　　　　　　　　（b）两端简支

（c）一端固支一端简支

图 4-1　两端支撑输流直管模型

将式（4-1）无量纲化，利用

$$\xi = x/L, \quad \eta = y/L, \quad \beta = \frac{m_f}{m_f + m_p}, \quad u = \left(\frac{m_f}{EI}\right)^{1/2} UL$$

$$\tau = \left(\frac{EI}{m_f + m_p}\right)^{1/2} \frac{t}{L^2}, \quad \delta = A\gamma\Delta T \frac{L^2}{I}, \quad p = \frac{L^2}{EI} P, \quad \Pi = \frac{pA_f L^2}{EI} \quad (4-5)$$

整理可得无量纲化后的两端支撑输流直管横向运动微分方程：

$$\frac{\partial^4 \eta}{\partial \xi^4} + 2\beta^{1/2} u \frac{\partial^2 \eta}{\partial \xi \partial \tau} + (u^2 + \Pi + \delta - p) \frac{\partial^2 \eta}{\partial \xi^2} + \frac{\partial^2 \eta}{\partial \tau^2} = 0 \quad (4-6)$$

同样，对应的无量纲边界条件可写成：

（1）两端固支：

$$\eta(0,\tau) = 0, \quad \eta(1,\tau) = 0, \quad \frac{\partial \eta(0,\tau)}{\partial \xi} = 0, \quad \frac{\partial \eta(1,\tau)}{\partial \xi} = 0 \quad (4-7)$$

（2）两端简支：

$$\eta(0,\tau) = 0, \quad \eta(1,\tau) = 0, \quad \frac{\partial^2 \eta(0,\tau)}{\partial \xi^2} = 0, \quad \frac{\partial^2 \eta(1,\tau)}{\partial \xi^2} = 0 \quad (4-8)$$

（3）一端固支一端简支：

$$\eta(0,\tau) = 0, \quad \eta(1,\tau) = 0, \quad \frac{\partial \eta(0,\tau)}{\partial \xi} = 0, \quad \frac{\partial^2 \eta(1,\tau)}{\partial \xi^2} = 0 \quad (4-9)$$

4.2　定常流作用下输流直管运动微分方程离散

4.2.1　广义有限差分法

输流管道横向运动微分方程式（4-6），在空间坐标上最高具有四阶偏导项，本

节采用广义有限差分法进行离散，其方法是基于移动最小二乘法与泰勒级数四阶展
开。首先在整个计算区域内布 N 个点，再
将每个点位上的空间偏微分项转换成由子
区域内各点物理量与权重系数乘积的线性
累加。对于区域内的第 i 点而言，选择 n_s
个最邻近点，形成一个子区域，如图 $4-2$
所示。

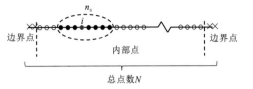

图 $4-2$　子区域中选择临近点示意图

当第 i 点的子区域形成后，在该子区域内以第 i 点为中心进行泰勒级数展开，因式（4-
6）对空间项的微分最高阶数为四阶，从而略去 4 阶以上各项，并定义一个函数 $B(\eta)$：

$$B(\eta) = \Sigma \left\{ \left[\eta_i - \eta_{i,j} + \delta_{ij} \frac{\partial \eta_i}{\partial \xi} + \frac{1}{2} \delta_{ij}^2 \frac{\partial^2 \eta_i}{\partial \xi^2} + \right.\right.$$
$$\left.\left. \frac{1}{6} \delta_{ij}^3 \frac{\partial^3 \eta_i}{\partial \xi^3} + \frac{1}{24} \delta_{ij}^4 \frac{\partial^4 \eta_i}{\partial \xi^4} \right] w(\delta_{ij}) \right\}^2 \quad (4-10)$$

式中：j 为子区域内的节点编号；$\delta_{ij} = x_i - x_{i,j}$ 为沿着布点方向上第 i 点与第 j 点的距
离；$\eta_{i,j}$ 为第 i 个子区域中的第 j 个点的物理量；$w(\delta_{ij})$ 为权重函数，其计算表达式为

$$w(\delta_{ij}) = \begin{cases} 1 - 6\left(\dfrac{\delta_{ij}}{dm_i}\right)^2 + 8\left(\dfrac{\delta_{ij}}{dm_i}\right)^3 - 3\left(\dfrac{\delta_{ij}}{dm_i}\right)^4, & \delta_{ij} \leqslant dm_i \\ 0, & \delta_{ij} > dm_i \end{cases} \quad (4-11)$$

式中：dm_i 为第 i 点与子区域内最远点的距离。

根据移动最小二乘法的思想，将函数 $B(\eta)$ 分别对 $\partial \eta / \partial \xi$、$\partial^2 \eta / \partial \xi^2$、$\partial^3 \eta / \partial \xi^3$
和 $\partial^4 \eta / \partial \xi^4$ 求极小值，可得如下方程组：

$$\boldsymbol{A} \cdot \boldsymbol{D}_{\boldsymbol{\eta}} = \boldsymbol{b} \quad (4-12)$$

其中，

$$\boldsymbol{A} = \begin{bmatrix} \displaystyle\sum_{j=1}^{n_s} w_{ij}^2 \delta_{ij}^2 & \dfrac{1}{2}\displaystyle\sum_{j=1}^{n_s} w_{ij}^2 \delta_{ij}^3 & \dfrac{1}{6}\displaystyle\sum_{j=1}^{n_s} w_{ij}^2 \delta_{ij}^4 & \dfrac{1}{24}\displaystyle\sum_{j=1}^{n_s} w_{ij}^2 \delta_{ij}^5 \\[2ex] & \dfrac{1}{4}\displaystyle\sum_{j=1}^{n_s} w_{ij}^2 \delta_{ij}^4 & \dfrac{1}{12}\displaystyle\sum_{j=1}^{n_s} w_{ij}^2 \delta_{ij}^5 & \dfrac{1}{48}\displaystyle\sum_{j=1}^{n_s} w_{ij}^2 \delta_{ij}^6 \\[2ex] & & \dfrac{1}{36}\displaystyle\sum_{j=1}^{n_s} w_{ij}^2 \delta_{ij}^6 & \dfrac{1}{144}\displaystyle\sum_{j=1}^{n_s} w_{ij}^2 \delta_{ij}^7 \\[2ex] SYM & & & \dfrac{1}{576}\displaystyle\sum_{j=1}^{n_s} w_{ij}^2 \delta_{ij}^8 \end{bmatrix}$$

$$\boldsymbol{D}_{\boldsymbol{\eta}} = \left[\frac{\partial \eta}{\partial \xi}\Big|_i, \frac{\partial^2 \eta}{\partial \xi^2}\Big|_i, \frac{\partial^3 \eta}{\partial \xi^3}\Big|_i, \frac{\partial^4 \eta}{\partial \xi^4}\Big|_i \right]^T$$

$$b = \begin{bmatrix} \sum\limits_{j=1}^{n_s}(-\eta_i + \eta_{i,j})\delta_{ij}w_{ij}^2 \\ \dfrac{1}{2}\sum\limits_{j=1}^{n_s}(-\eta_i + \eta_{i,j})\delta_{ij}^2 w_{ij}^2 \\ \dfrac{1}{6}\sum\limits_{j=1}^{n_s}(-\eta_i + \eta_{i,j})\delta_{ij}^3 w_{ij}^2 \\ \dfrac{1}{24}\sum\limits_{j=1}^{n_s}(-\eta_i + \eta_{i,j})\delta_{ij}^4 w_{ij}^2 \end{bmatrix}$$

从式（4-12）可以看出，系数矩阵 A 是一个对称矩阵，是由第 i 点与其子区域内 n_s 个点的物理量计算得到，而矩阵 b 是由子区域内各节点物理量和空间坐标构成，因此可将矩阵 b 分解为

$$b = BQ \tag{4-13}$$

式中：$Q = [\eta_i, \eta_{i,1}, \eta_{i,2}, \eta_{i,3}, \cdots, \eta_{i,n_s}]^{\mathrm{T}}$ 为子区域内第 i 点和与其相邻 n_s 点的物理量。从而，每一点位上的前四阶偏微分项 D_η 可表示为

$$D_\eta = \begin{bmatrix} \dfrac{\partial \eta}{\partial \xi}\big|_i \\ \dfrac{\partial^2 \eta}{\partial \xi^2}\big|_i \\ \dfrac{\partial^3 \eta}{\partial \xi^3}\big|_i \\ \dfrac{\partial^4 \eta}{\partial \xi^4}\big|_i \end{bmatrix} = A^{-1}BQ = \begin{bmatrix} e_{11}^i & e_{12}^i & \cdots & e_{1n_s}^i \\ e_{21}^i & e_{22}^i & \cdots & e_{2n_s}^i \\ e_{31}^i & e_{32}^i & \cdots & e_{3n_s}^i \\ e_{41}^i & e_{42}^i & \cdots & e_{4n_s}^i \end{bmatrix} \begin{bmatrix} \eta_i \\ \eta_{i,1} \\ \eta_{i,2} \\ \vdots \\ \eta_{i,n_s} \end{bmatrix} \tag{4-14}$$

因输流直管横向运动微分方程式（4-6）中只含有对空间物理量的一阶、二阶和四阶偏导数，故提取式（4-14）中每一个点位 i 上未知物理量（位移）的一阶、二阶和四阶偏微分量的表达式，即

$$\frac{\partial \eta}{\partial \xi}\big|_i = \sum_{j=1}^{n_s} e_{1j}^i \eta_{i,j} \tag{4-15}$$

$$\frac{\partial^2 \eta}{\partial \xi^2}\big|_i = \sum_{j=1}^{n_s} e_{2j}^i \eta_{i,j} \tag{4-16}$$

$$\frac{\partial^4 \eta}{\partial \xi^4}\big|_i = \sum_{j=1}^{n_s} e_{4j}^i \eta_{i,j} \tag{4-17}$$

通过式（4-15）～式（4-17）即可对输流直管横向运动方程中的空间变量偏微分项进行离散，搭配时间数值计算方法，就可进行输流直管横向运动微分方程的求解。

4.2.2 Houbolt 法

由于两端支撑的输流直管横向运动微分方程式（4-6），在时间坐标上最高具有二阶偏导项，本章采用 Houbolt 法对时间项进行离散。该法属于四点格式的隐式时间积分法，具有二阶精度且无条件稳定，即通过对 $n-2$、$n-1$、n 和 $n+1$ 四个时间层的位移 η 来近似表达 $n+1$ 时刻的速度和加速度。采用 Lagrange 插值多项式进行三次插值就可得到任意点位 ξ 的位移（图 4-3），其表达式为

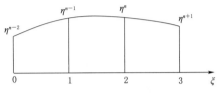

图 4-3 任意点位 Lagrange 插值

$$\eta^{n+1} = \sum_{i=1}^{4} N_i \eta^i = N_1 \eta^{n+1} + N_2 \eta^n + N_3 \eta^{n-1} + N_4 \eta^{n-2} \qquad (4-18)$$

$$N_i = \prod_{\substack{j=1 \\ j \neq i}}^{4} \frac{\xi - \xi_j}{\xi_i - \xi_j}, \quad \xi = \frac{T - t + 2\Delta t}{\Delta t}(0 \leqslant \xi \leqslant 3) \qquad (4-19)$$

式（4-18）可展开为

$$\eta^{n+1} = \frac{1}{6}\xi(\xi-1)(\xi-2)\eta^{n+1} - \frac{1}{2}\xi(\xi-1)(\xi-3)\eta^n +$$

$$\frac{1}{2}\xi(\xi-2)(\xi-3)\eta^{n-1} - \frac{1}{6}\xi(\xi-1)(\xi-2)(\xi-3)\eta^{n-2} \qquad (4-20)$$

将 η^{n+1} 分别对 ξ 求一阶和二阶偏导后取 $\xi=3$，就可得到 $n+1$ 时刻任意点位 ξ 上的速度和加速度：

$$\dot{\eta} = \left(\frac{\partial \eta}{\partial \tau}\right)^{n+1} = \frac{1}{6\Delta t}(11\eta^{n+1} - 18\eta^n + 9\eta^{n-1} - 2\eta^{n-2}) \qquad (4-21)$$

$$\ddot{\eta} = \left(\frac{\partial^2 \eta}{\partial \tau^2}\right)^{n+1} = \frac{1}{\Delta t^2}(2\eta^{n+1} - 5\eta^n + 4\eta^{n-1} - \eta^{n-2}) \qquad (4-22)$$

因 Houbolt 法在求解未知时间层物理量 η^{n+1} 时，需要已知前三个时间层的物理量 η^n、η^{n-1} 和 η^{n-2}。由式（4-21）可以看出，如果只给定初始条件 η^n 和 $(\partial \eta / \partial \tau)^n$，无法求得 η^{n+1} 和 η^{n+2}。从而需要采用其他方法作为起步条件，采用 Euler 法进行起步，即

$$\eta^{n-1} = \eta(\xi, 0) - \Delta t \frac{\partial \eta(\xi, 0)}{\partial \tau} \qquad (4-23)$$

$$\eta^{n-2} = \eta(\xi, 0) - 2\Delta t \frac{\partial \eta(\xi, 0)}{\partial \tau} \qquad (4-24)$$

4.2.3 输流直管 GFDM＋Houbolt 法数学模型的建立

首先，采用 GFDM 对式（4-6）中空间变量偏微分进行离散，可得

$$\ddot{\eta}_i + 2\beta^{1/2}u\sum_{j=1}^{n_s}e_{1j}^i\dot{\eta}_i + \left[(u^2+\delta-p)\sum_{j=1}^{n_s}e_{2j}^i + \sum_{j=1}^{n_s}e_{4j}^i\right]\eta_i = 0$$
$$(i=3,4,\cdots,N-2) \tag{4-25}$$

其次，使所有边界点满足对应的边界条件，采用 GFDM 法对边界条件进行离散可得：

（1）两端固支：

$$\eta_1 = \sum_{j=1}^{n_s}e_{1j}^2\eta_{2,j}^n = \sum_{j=1}^{n_s}e_{1j}^{N-1}\eta_{N-1,j}^n = \eta_N = 0 \tag{4-26}$$

（2）两端简支：

$$\eta_1 = \sum_{j=1}^{n_s}e_{1j}^2\eta_{2,j}^n = \sum_{j=1}^{n_s}e_{1j}^{N-1}\eta_{N-1,j}^n = \eta_N = 0 \tag{4-27}$$

（3）一端固支一端简支：

$$\eta_1 = \sum_{j=1}^{n_s}e_{1j}^2\eta_{2,j}^n = \sum_{j=1}^{n_s}e_{2j}^{N-1}\eta_{N-1,j}^n = \eta_N = 0 \tag{4-28}$$

式（4-25）结合边界条件式（4-26）～式（4-28）中的一种，可定义一种支撑条件下输流直管的动力学方程组，即

$$[M]_{N\times N}\{\ddot{\eta}\}_{N\times 1} + [C]_{N\times N}\{\dot{\eta}\}_{N\times 1} + [K]_{N\times N}\{\eta\}_{N\times 1} = \{0\}_{N\times 1} \tag{4-29}$$

式中：M、C、K 分别为离散系统的质量矩阵、阻尼矩阵和刚度矩阵；$\boldsymbol{\eta}$ 为待求物理量未知矩阵。

采用 Houbolt 法对式（4-29）中对时间项的一阶和二阶微分进行离散，并采用式（4-23）和式（4-24）的欧拉法起步，可得

$$[Q]_{N\times N}\cdot\{\eta\}_{N\times 1} = \{F\}_{N\times 1} \tag{4-30}$$

式中：Q 为离散后的系数矩阵；F 为控制方程式与边界条件离散后的非齐次项；$\boldsymbol{\eta}$ 为待求位移矩阵。

结合初始条件，通过式（4-30）可进行输流直管的振动响应时域分析。

同时，针对式（4-29）还可进行模态分析，根据模态分析方法，需将物理坐标方程转化为状态坐标方程，则引入辅助方程：

$$[M]_{N\times N}\{\dot{\boldsymbol{\eta}}\}_{N\times 1} - [M]_{N\times N}\{\dot{\boldsymbol{\eta}}\}_{N\times 1} = \{0\}_{N\times 1} \tag{4-31}$$

联立式（4-29），有

$$[P]_{2N\times 2N}\{\dot{z}\}_{2N\times 1} - [Q]_{2N\times 2N}\{z\}_{2N\times 1} = \{0\}_{2N\times 1} \tag{4-32}$$

其中，

$$z = \begin{bmatrix}\boldsymbol{\eta}\\\dot{\boldsymbol{\eta}}\end{bmatrix}，2N\text{ 阶状态坐标}$$

$$P = \begin{bmatrix}C & M\\M & 0\end{bmatrix}，2N\text{ 阶对称矩阵}$$

$$Q = \begin{bmatrix}K & 0\\0 & -M\end{bmatrix}，2N\text{ 阶对称矩阵}$$

式（4-32）为两端支撑输流管道的状态空间方程，是由 $2N$ 个一阶线性微分方程组成，设其方程式的特解为

$$z = y \, \mathrm{e}^{\lambda \tau} \qquad (4-33)$$

将式（4-33）代入式（4-32）中，可得两端支撑输流管道的广义特征值问题：

$$(P\lambda + Q)y = 0 \qquad (4-34)$$

其特征方程即可表述为

$$|P\lambda + Q| = 0 \qquad (4-35)$$

上式是关于 λ 的 $2N$ 次实系数代数方程，求解得到特征值 λ 后，然后通过 $\omega_i = -\lambda j$ 转换，得到复频率 $\omega_i = -\mathrm{Im}\omega_i + \mathrm{Re}\omega_i j$，其 ω_i 实部 $\mathrm{Re}\omega_i$ 表示为输流管道各阶无量纲固有频率，其 ω_i 虚部 $\mathrm{Im}\omega_i$ 表示为与阻尼有关，阻尼比为 $\zeta = \mathrm{Im}\omega_i / \mathrm{Re}\omega_i$。同时，计算 $|P\lambda + Q|$ 的伴随矩阵，即可求得每一阶固有频率所对应的振型向量。

4.3 工程案例

4.3.1 输流直管横向振动模型

无量纲化后的两端支撑输流直管横向运动微分方程：

$$\frac{\partial^4 \eta}{\partial \xi^4} + 2\beta^{1/2} u \frac{\partial^2 \eta}{\partial \xi \partial \tau} + (u^2 + \varPi + \delta - p)\frac{\partial^2 \eta}{\partial \xi^2} + \frac{\partial^2 \eta}{\partial \tau^2} = 0 \qquad (4-36)$$

4.3.1.1 不考虑温度、动水压力和轴向张力的输流直管横向振动模型

三种不同支撑情况对应的边界条件（图 4-4）如下。

（1）两端固支：

$$\eta(0,\tau) = 0, \quad \eta(1,\tau) = 0, \quad \frac{\partial \eta(0,\tau)}{\partial \xi} = 0, \quad \frac{\partial \eta(1,\tau)}{\partial \xi} = 0 \qquad (4-37)$$

（2）两端简支：

$$\eta(0,\tau) = 0, \quad \eta(1,\tau) = 0 \quad \frac{\partial \eta(0,\tau)}{\partial \xi} = 0, \quad \frac{\partial \eta(1,\tau)}{\partial \xi} = 0 \qquad (4-38)$$

（3）一端固支一端简支：

$$\eta(0,\tau) = 0, \quad \eta(1,\tau) = 0, \quad \frac{\partial \eta(0,\tau)}{\partial \xi} = 0, \quad \frac{\partial^2 \eta(1,\tau)}{\partial \xi^2} = 0 \qquad (4-39)$$

本节以两端固支为例，不考虑温度、动水压力和轴向张力，当管道运动速度 $u = 0.5$ 时，给定初始条件为

$$\begin{cases} \eta(x,0) = 0 \\ \dot{\eta}(x,0) = 0.01\sin(\pi x) \end{cases} \qquad (4-40)$$

计算得到两端固支管道中点处振幅 η 的时间历程，如图 4-5 所示。可见，应用 GFDM 法得到的结果与 An 和 Su[21] 采用 GITT 法得到的结果吻合良好。图 4-5 中分别采用了不同总点数 N [图 4-5（a）]、不同时间步长 Δt [图 4-5（b）] 和不同选点

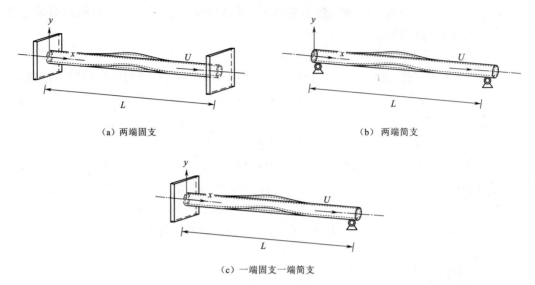

（a）两端固支　　　　　　　　　　　　　　（b）两端简支

（c）一端固支一端简支

图 4-4　不同边界条件的输流直管图

数 n_s ［图 4-5（c）］进行数值模拟，结果表明，随着总点数 N 和选点数 n_s 的增加或时间步长 Δt 的减小，GFDM 法的计算结果与 An 与 Su 的数值结果越接近，最终达到稳定，进一步说明本数值模式具有良好的稳定性。

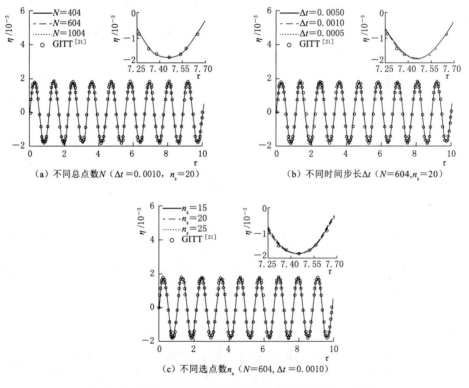

（a）不同总点数 N（$\Delta t = 0.0010$，$n_s = 20$）　　　　（b）不同时间步长 Δt（$N=604$，$n_s=20$）

（c）不同选点数 n_s（$N=604$，$\Delta t = 0.0010$）

图 4-5　两端固支梁受迫振动中点处振幅比较（$u=0.5$）

图 4-6 为不同的流体流速 u 和质量比 β 情况下两端固支输流直管中点处位移的时间历程。将数值结果与 $\mathrm{Gu}^{[22]}$ 的研究成果进行对比，结果也是非常吻合，进一步说明了本章所提出的数值模型具有较高的精确度。从图 4-6 中可以看出，在相同流速 u 情况下，随着质量比 β 的增加，两端固支输流直管中点处的振动速率加快，而振幅无明显变化；在相同质量比 β 情况下，随着流体流速 u 的减小，两端固支输流直管中点处振动幅值减小，但振动速率加快。

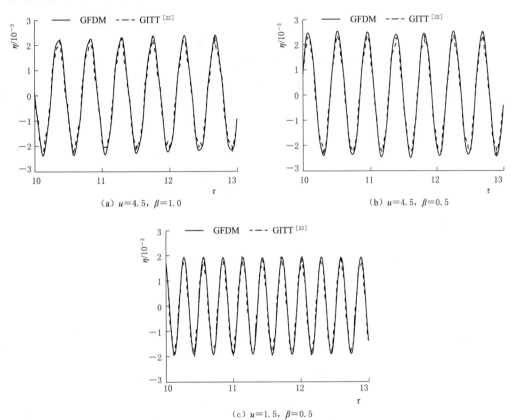

(a) $u=4.5$, $\beta=1.0$ (b) $u=4.5$, $\beta=0.5$

(c) $u=1.5$, $\beta=0.5$

图 4-6 不同流体流速 u 和质量比 β 两端固支输流直管中点处振幅比较

4.3.1.2 考虑温度和轴向张力的输流直管横向振动模型

忽略管道动水压力，可得无量纲化后的两端支撑输流直管横向运动微分方程：

$$\frac{\partial^4 \eta}{\partial \xi^4} + 2\beta^{1/2} u \frac{\partial^2 \eta}{\partial \xi \partial \tau} + (u^2 + \delta - p)\frac{\partial^2 \eta}{\partial \xi^2} + \frac{\partial^2 \eta}{\partial \tau^2} = 0 \tag{4-41}$$

本节同样以两端固支为例，边界条件如下：

$$\eta(0,\tau)=0, \quad \eta(1,\tau)=0, \quad \frac{\partial \eta(0,\tau)}{\partial \xi}=0, \quad \frac{\partial \eta(1,\tau)}{\partial \xi}=0 \tag{4-42}$$

初始条件如下：

$$\eta(\xi,0)=0, \quad \frac{\partial \eta(\xi,0)}{\partial \tau}=O(10^{-3}) \tag{4-43}$$

输流直管的参数见表 4-1，图 4-7 给出了在压力荷载 $P=0$ 时，不同流体流速 u 和不同温度增量 $\Delta T=0$ 作用条件下的输流直管中点处振幅时间历程曲线，并将数值结果与 Gu[24] 的研究成果进行对比，结果也是非常吻合。从图 4-7 中可以看出，在温度增量 ΔT 增加时，管道中点处振幅幅值增加，且振动速率减小，如图 4-7（a）、（b）所示；同样，在流体流速 u 增加时，管道中点处振幅幅值增加，且振动速率减小，但流体流速的增加的影响比温度增加的影响更为显著，如图 4-7（b）、（c）所示。

表 4-1　　　　　　　　　　　案 例 输 流 直 管 的 参 数

管道总长 /m	外径 /m	内径 /m	杨氏模量 /GPa	管道密度 /(kg/m³)	流体密度 /(kg/m³)	质量比	温度系数
2	0.02	0.014	194	7850	1000	0.109	1.1×10^{-7}

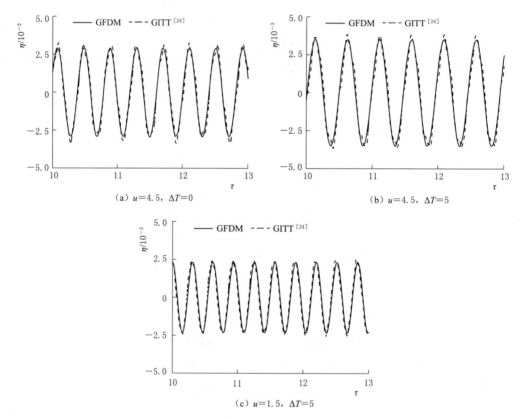

图 4-7　不同流体流速和不同温度荷载的振动中点处振幅比较

图 4-8 计算得到了在温度增量 $\Delta T=5$ 和轴向荷载 $P=0$ 时，两端固支输流直管的前三阶固有频率随流体流速 u 的演变曲线，并且与 Gu 采用 GITT 法[24] 的数值解和 Paidoussis 的理论解[23] 进行对比，吻合良好。从图 4-8 中可以看出，随着流体流速 u 的增加，前三阶固有频率逐渐减小，同时在流体流速 u 接近 2π 时，一阶模态的

固有频率接近于 0，即其临界流速 $u_{cd} \approx 2\pi$。

图 4-9 计算得到在轴向荷载 $P=0$ 时，温度升高对输流直管一阶模态固有频率的影响，且与 Gu 采用 GITT 法[24] 数值结果吻合良好。从图 4-9 中可以清晰地看出，输流直管的振动频率随着流体流速 u 的增加而减小；对同一流体流速 u，随着温度增量 ΔT 的升高，两端固支输流直管的固有振动频率 $\mathrm{Im}\omega$ 降低。结果表明，在有恒定流速的流体通过输流管道时，管道将受到温度升高时热屈曲的影响。

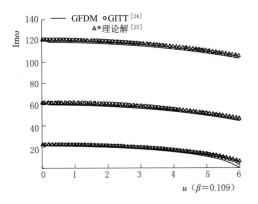

图 4-8 前三阶固有频率随流体流速 u 变化

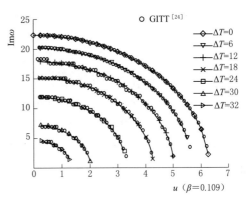

图 4-9 一阶固有频率 ω 随流体流速 u 和温度增量 ΔT 变化

在温度荷载 $\Delta T=0$ 时，计算得到轴向张力 P 对输流直管一阶模态振动频率 $\mathrm{Im}\omega$ 的影响，如图 4-10 所示。从图 4-10 中可以得到，随着流体流速 u 的增加，两端固支输流直管固有频率 $\mathrm{Im}\omega$ 降低；随着轴向张力 P 的增加，两端固支的输流直管固有频率 $\mathrm{Im}\omega$ 增加。结果表明，在同时作用有热荷载和轴向张力的两端固支输流直管模型上，热荷载对输流管道屈曲失稳的影响大于轴向张力的影响。

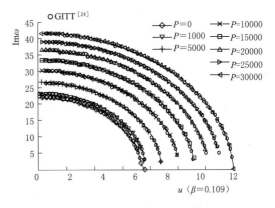

图 4-10 一阶固有频率 ω 随流体流速 u 和轴向拉伸 P 变化

4.3.2 保守型输流直管频域分析

两端支撑管道在输流过程中，因两端都存在约束，管道系统在振动时，能量保持平衡状态，既不吸收能量，也不失去能量，且管道两端挠度等于零，故两端支撑管道在振动时属于保守型振动。本节针对两端支撑输流直管，基于流体-管道耦合原理，即考虑水流和管道的相互作用前提下，不考虑温度和轴向张力，通过流体流速和压力的变化模拟耦合作用下管道的固有特性，建立管道自由振动的数学模型，对管道保守型振动模态进行数值模拟研究。

4.3.2.1 模型参数的稳健性分析

现对两端支撑梁模型进行数值模拟，将前四阶模态形状的演化曲线与前人所做研究结果进行对比，并分析不同总布点数 N 和子区域点数 n_s 等模型参数对数值结果的影响。在这里说明一下只取前四阶模态形状的理由，即模态阶数越高时，系统内阻尼作用就会越强，从而造成的振动衰减速度会越快，所以高阶模态形状只会在管道刚开始发生振动时才会表现得较为明显，故在分析时只取前几阶模态。

当管道内流体的温度（$\Delta T = 0$）、轴向张力（$P = 0$）、流速（$u = 0$）与压力（$\Pi = 0$）时，式（4-6）转化为简单的直梁模型，即

$$\partial^4 \eta / \partial \xi^4 + \partial^2 \eta / \partial \tau^2 = 0 \tag{4-44}$$

为了验证本章所提数值模式的收敛性及稳健性，采用不同的总布点数 N 模拟了两端支撑条件下梁模型的一至四阶固有频率，如图 4-11 所示。可见，随着总布点数 N 的增加，各支撑条件下梁模型的固有频率 $\text{Re}\,\omega_i$ 趋于一稳定值，且高阶模态会比低阶模态收敛得慢些。为了进一步说明 N 值对计算精度的影响，本章定义误差值 $\varepsilon = |\text{Re}(\omega_i^N) - \text{Re}(\omega_i^{N-1})|$，并绘制于图 4-11 中，可见，对于不同支撑条件下梁模型，当总布点数 $N \geqslant 400$ 时，误差值 ε 均小于 0.01，满足精度范围要求，因此本章取总布点数 N 为 400。

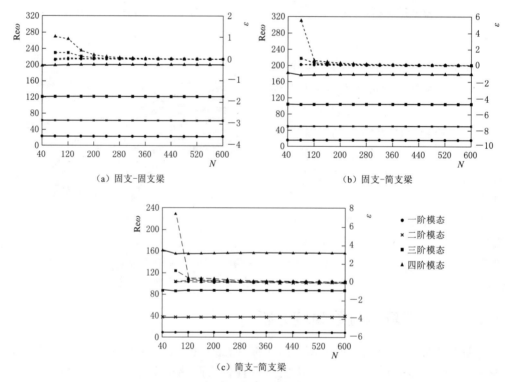

图 4-11 前四阶无量纲固有频率及误差随总布点数 N 变化曲线

（实线代表固有频率，虚线代表误差）

同样，子区域点数 n_s 值对数值模式的收敛性及稳健性也具有一定的影响，如图 4-12 所示。可见，随着总布点数 N 的增加，不同子区域点数 n_s（$n_s = 5$、15、20）

对应的一阶模态固有频率均趋于稳定，且误差值 ε 均无限接近于 0，满足精度要求，因此本章取子区域点数 n_s 为 5。

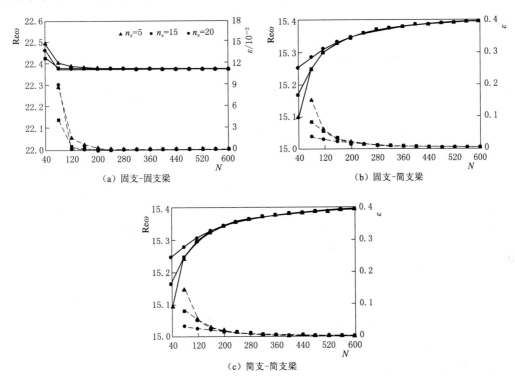

图 4-12 不同子区域点数 n_s 对应的一阶模态无量纲固有频率及误差对比

（实线代表固有频率，虚线代表误差）

表 4-2 给出了三种支撑条件下梁模型的前四阶固有频率。可见，应用 GFDM 法得到的结果与 DTM[25]、DQM[25]、VIM[16] 以及 Thomson 的精确解[26] 研究成果吻合良好，说明本数值模式具有相当高的精度；为了进一步说明其计算效率，将四种不同数值方法所用的计算时间列于表 4-2，虽然 GFDM 的总布点数 N 达到 400，但所用计算时间均在 0.88s 左右，低于 DTM（$N=60$）与 VIM（$N=16$），部分高于 DQM（$N=17$），主要是因为采用 GFDM 法将控制方程离散后，所产生的线性系统为稀疏矩阵，所以使得计算效率大为提高。因此，与另外三种数值方法的计算效率相比，本节所提的数值模式更有优势。

表 4-2 两端支撑梁模型固有频率值

边界条件	数值方法	ω_1	ω_2	ω_3	ω_4	计算时间 t/s
固支-固支	DTM	22.37	61.67	120.90	199.85	1.40
	DQM	22.37	61.68	120.92	199.89	0.54
	VIM	22.37	61.67	120.90	199.86	4.53
	精确解	22.37	61.67	120.90	199.85	—
	GFDM	22.37	61.67	120.90	199.85	0.88

边界条件	数值方法	ω_1	ω_2	ω_3	ω_4	计算时间 t/s
固支-简支	DTM	15.42	49.96	104.25	178.27	2.55
	DQM	15.42	49.98	104.28	178.32	0.53
	VIM	15.42	49.96	104.25	178.27	3.45
	精确解	15.42	49.96	104.25	178.27	—
	GFDM	15.42	49.96	104.22	178.22	0.89
简支-简支	DTM	9.86	39.47	88.82	157.91	2.56
	DQM	9.87	39.48	88.84	157.94	0.90
	VIM	9.87	39.48	88.83	157.91	4.56
	精确解	9.87	39.50	88.90	157.91	—
	GFDM	9.86	39.46	88.76	157.80	0.87

图 4-13 给出了两端支撑条件下梁模型前四阶模态形状的演化曲线。可见，与精确解[27]的研究成果进行对比，均吻合良好，说明了本节提出的数值模式在计算两端支撑梁模型时具有良好的准确性；同时，随着振型阶数的增加，三种不同支撑（固支-固支梁、固支-简支梁、简支-简支梁）梁模型的固有频率均依次增加，晃动频率均依次增加，振动周期均逐渐减小；且固支-固支梁和简支-简支梁的模态形状关于 $\xi=0.5$ 位置对称。

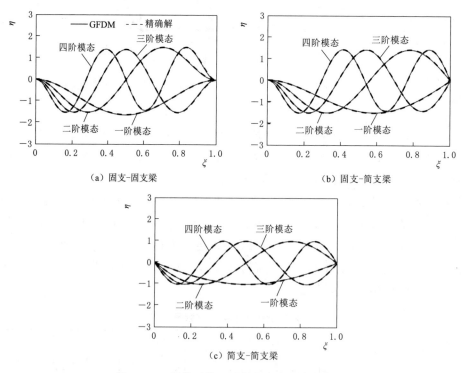

图 4-13   梁模型前四阶模态形状的演化曲线

4.3.2.2   忽略管内液体压力的两端支撑输流直管模型

考虑两端不同支撑的输流直管模型，忽略管内液体压力、温度、轴向张力，即令

$\Pi=0$、$\Delta T=0$、$P=0$。图 4-14 为两端固支单跨输流直管模型的前四阶复频率随无量纲流体流速 u 的演化曲线，采用 GFDM 计算得到的数值结果与 DTM[25]、DQM[25] 和 VIM[16] 的研究成果进行对比，均吻合良好。从图 4-14 中可知，在流体刚充满管道时，初始流速（$0 \leqslant u \leqslant 2$）对输流直管前四阶固有频率（复频率实部）的影响很小，当流速 u 逐渐增加时，管系的有效刚度会逐渐减小，从而使前四阶固有频率也不断减小，直至为零时，由于管道内流速产生的离心力大于弯曲恢复力，从而导致管道出现发散失稳，所对应的流速即为两端固支输流直管系统临界流速 $u_{cr}=6.28$；当流体流速（$u > 6.28$）较大时，管道的第一、二阶模态的频率曲线在流速 $u_{cf}=9.30$ 时，产生交汇并重合在一起，说明此时管道系统出现耦合模态振颤失稳，如图 4-14（a）所示。对于一至四阶模态的复频率虚部，其在发散失稳之前一直为 0，在出现第一个交叉点（图中第一个箭头处）时，为发散失稳的临界点，第三个交叉点（图中第二个箭头处）即为出现耦合模态颤振失稳的临界点，如图 4-14（b）所示。为了进一步观察管系各阶模态特征值轨迹随流体流速 u 的变化规律，绘制以复频率实部为横坐标，虚部为纵坐标的 Argand 图，如图 4-14（c）所示，可以看出，管道系统的前三阶特征值轨迹随着流体流速 u 的增加，而呈现出关于 $\text{Im}\omega=0$ 轴上下对称。同时，已有研究表明，固支-固支输流直管解析解的特征方程为 $2(1-\cos u)-u\sin u=0$，其计算得到的第一阶模态发散时对应的流速值为 2π，由此可知采用 GFDM 法计算得到的结果与解析解的结果非常接近。

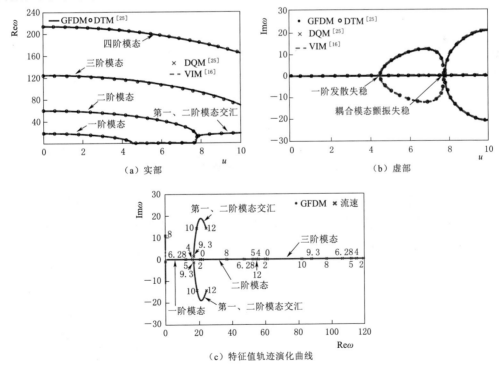

（a）实部　　　　　　　　　　　（b）虚部

（c）特征值轨迹演化曲线

图 4-14　固支-固支输流直管前四阶复频率随流体流速 u 的变化（$\beta=0.5$）

图 4-15 为固支-简支支撑单跨输流直管模型的前四阶复频率与流体流速 u 的关系，与 DTM[25]、DQM[25] 和 VIM[16] 的研究成果进行对比，均吻合良好。可见，固支-简支管道的复频率实部和虚部的变化曲线特征，与两端固支管道相似，而不同之处在于，出现发散失稳与耦合模态颤振失稳所对应的流速大小，即临界流速 $u_{cr}=$ 4.49，且发生耦合模态颤振失稳时对应的流速 $u_{cf}=7.77$，均小于两端固支输流直管。同时，已有研究表明，固支-简支输流直管解析解的特征方程为 $u-\tan u=0$，其计算得到的第一阶模态发散时对应的流速值为 4.49，由此可知采用 GFDM 法计算得到的结果与解析解的结果非常接近。

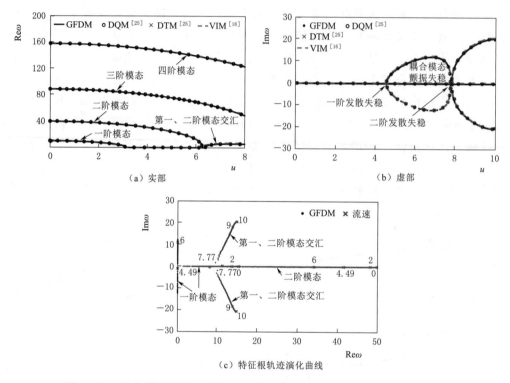

（a）实部　　　　　　　　　（b）虚部

（c）特征根轨迹演化曲线

图 4-15　固支-简支输流直管前四阶复频率随流体流速 u 的变化（$\beta=0.5$）

针对两端简支支撑单跨输流直管模型，采用 GFDM 计算管道前四阶复频率与流体流速 u 的关系，如图 4-16 所示。在计算前四阶复频率实部时，本数值模式与 DTM[6]、DQM[25] 和 VIM[16] 的研究成果均吻合良好，而计算前四阶复频率虚部时，本数值模式比 VIM[7] 更接近 DTM[6] 和 DQM[25] 的研究成果。从图 4-16 中可以看出，曲线特征与图 10-6 和图 10-7 均相似，而不同之处在于管道系统出现耦合模态颤振失稳之前，第二阶模态出现发散失稳。当流速为 $u=u_{cr1}=$ 3.14 时，$\text{Re}\omega_1=0$，此时管系的第一阶模态开始发散；当流速达到 $u=u_{cr2}=6.28$ 时，$\text{Re}\omega_2=0$，管系的第二阶模态开始发散；当流速 $u=u_{cf}=6.39$ 时，管系的第一阶和第二阶模态发生耦合模态颤振。同时，已有研究表明，两端简支输流直管解析解的特征方程为 $\sin u = 0$，其计算得到的前两阶模态发散时对应的流速值分别为 $u_1 = \pi$、$u_2 = 2\pi$，由此可知采用 GFDM 法计算得到的结果与解析解的结果非常接近。

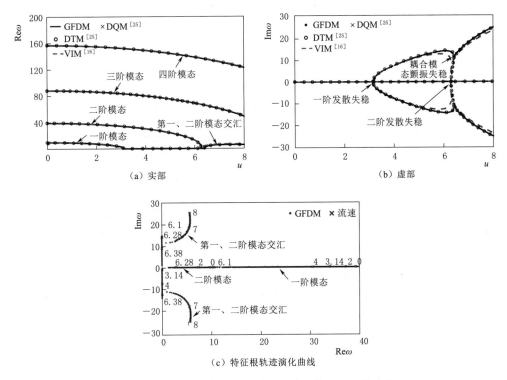

图 4-16　简支-简支输流直管前四阶复频率随流体流速 u 的变化（$\beta = 0.1$）

将以上三种不同支撑条件下输流直管出现发散失稳和耦合模态颤振失稳对应的流速绘制于表 4-3 中。可见，与 DTM[25]、DQM[25]、VIM[16] 和解析解[26] 的研究成果进行对比，绝对误差均小于 0.01，相对误差均小于 0.16%，说明了本节数值模式在计算两端支撑下单跨输流直管时，具有相当高的精度。同时，对比输流直管的临界流速和出现耦合模态颤振时对应的流速，可以看出，两端固支最大，其次是固支-简支，两端简支最小。

表 4-3　　　　　　　　　　两端支撑条件下输流管道临界流速对比

边界条件	数值方法	一阶模态	二阶模态	第一、二阶模态交汇
固支-固支	DTM	6.283	—	9.295
	DQM	6.284	—	9.296
	VIM	6.283	—	9.296
	解析解	2π	—	9.300
	GFDM	6.280	—	9.300
	不稳定来源	发散	—	耦合模态颤振

边界条件	数值方法	一阶模态	二阶模态	第一、二阶模态交汇
固支-简支	DTM	4.493	—	7.774
	DQM	4.494	—	7.775
	VIM	4.493	—	7.770
	解析解	4.490	—	—
	GFDM	4.490	—	7.770
	不稳定来源	发散	—	耦合模态颤振
简支-简支	DTM	3.142	6.283	6.394
	DQM	3.142	6.284	6.395
	VIM	3.142	6.284	6.390
	解析解	π	2π	6.380
	GFDM	3.140	6.280	6.390
	不稳定来源	发散	发散	耦合模态颤振

4.3.2.3　考虑管内液体压力的两端支撑输流直管模型

本节忽略管内温度、轴向张力，即令 $\Delta T=0$、$P=0$，考虑管内含有液体压力作用下两端支撑（固支-固支梁、固支-简支梁、简支-简支梁）下输流直管模型，应用上述数值模型进行模拟输流直管的振动特性。图 4-17 给出了两端支撑下输流直管模型的前四阶复频率实部和虚部随无量纲液体压力 Π 的演化曲线。由图 4-17 可见，随着无量纲液体压力 Π 的增加，三种支撑条件下单跨输流直管的固有频率均逐渐减小，直到管内部压力足够高时，系统就会出现发散。对于固支-固支，在液体压力 $\Pi=39.5$ 时，管道系统第一阶模态发散，在液体压力 $\Pi=80.8$ 时，系统第二阶模态发散，如图 4-17（a）所示；对于固支-简支，在液体压力 $\Pi=20.3$ 时，系统第一阶模态发散，在液体压力 $\Pi=59.7$ 时，系统第二阶模态发散，如图 4-17（b）所示；对于简支-简支，在液体压力 $\Pi=9.9$ 时，管道系统第一阶模态发散，在液体压力 $\Pi=39.5$ 时，系统第二阶模态发散，在液体压力 $\Pi=88.9$ 时，系统第三阶模态发散，如图 4-17（c）所示。因此，对于这三种支撑条件输流直管的液体临界压力 Π_{cr}，固支-固支（$\Pi_{cr}=39.5$）最大，固支-简支（$\Pi_{cr}=20.3$）次之，简支-简支（$\Pi_{cr}=9.9$）最小，但系统中均没有发生上一节中，第一、二阶模态的耦合模态颤振，这与流体流速对稳定性的影响不同。

图 4-18 计算了考虑液体压力 Π 时，两端支撑管道内流体临界流速的变化。由图可知，随着管内无量纲液体压力 Π 的增加，三种支撑下输流直管的临界流速均不断减小，其中，两端固支和固支-简支的下滑曲线呈现阶梯状，在临界流速降低到 0.2 时，

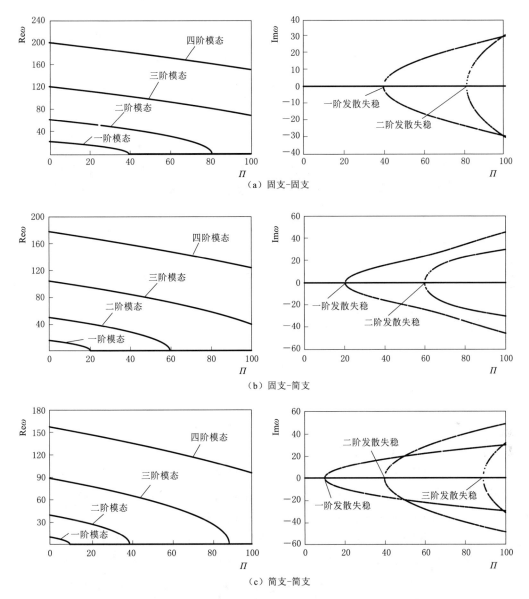

图 4-17　两端支撑下输流直管前四阶复频率实部和虚部随液体
压力 Π 的变化（$u=0$，$\beta=0.5$）

三者（固支-固支梁、固支-简支梁、简支-简支梁）均不再发生变化。结果表明，管道在输流过程中，其内部流体的流速会受到液体压力的影响。

4.3.3　非保守型输流直管频域分析

本节以悬臂支撑输流直管为研究对象，采用广义有限差分法和侯博特法（Hou-blot）分别对控制方程的空间项和时间项进行离散，对管道非保守型振动特性进行数

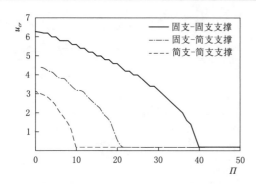

图 4-18　三种不同支撑输流直管临界流速 u_{cr} 随无量纲液体压力 Π 的变化（$\beta = 0.5$）

值模拟研究，不考虑温度和轴向张力，通过管内流体和管道参数（流体流速 u 和质量比 β）的变化，研究悬臂输流直管振动模态的不同，并通过时程图和分岔图来分析临界流速 u_{cr} 对管道振动响应特性的影响程度。

假设管道为均质线弹性管，忽略重力、内部阻尼和轴向拉伸力的影响，并对管道运动采用小变形假设，可得单跨悬臂支撑输流直管耦合振动模型表达式的无量纲形式[27]：

$$\frac{\partial^4 \eta}{\partial \xi^4} + 2\beta^{1/2} u \frac{\partial^2 \eta}{\partial \xi \partial \tau} + u^2 \frac{\partial^2 \eta}{\partial \xi^2} + \frac{\partial^2 \eta}{\partial \tau^2} = 0 \qquad (4-45)$$

其中，

$$\xi = x/L; \quad \eta = y/L; \quad \beta = \frac{m_f}{m_f + m_p}; \quad u = \left(\frac{m_f}{EI}\right)^{1/2} UL$$

$$\tau = \left(\frac{EI}{m_f + m_p}\right)^{1/2} \frac{t}{L^2}$$

其边界条件的无量纲形式：

$$\eta(0,\tau) = 0, \quad \frac{\partial \eta(0,\tau)}{\partial \xi} = 0, \quad \frac{\partial^2 \eta(1,\tau)}{\partial \xi^2} = 0, \quad \frac{\partial^3 \eta(1,\tau)}{\partial \xi^3} = 0 \qquad (4-46)$$

4.3.3.1　模型参数的稳健性分析

将本节提出的数值模式应用于悬臂梁模型的模态分析，通过不同总布点数 N 和子区域点数 n_s 等关键参数以及模态形状的对比，验证 GFDM 的稳定性和鲁棒性。当输流管道内流体无量纲流速 $u = 0$ 时，式（4-45）转化为简单的悬臂直梁模型。

为了验证本章所提数值模式的收敛性及稳健性，采用不同的总布点数 N 模拟了悬臂支撑条件下梁模型的一至四阶固有频率，如图 4-19 所示，可见，随着总布点数 N 的增加，悬臂梁模型的固有频率 $\mathrm{Re}\omega_i$ 趋于一稳定值，且高阶模态会比低阶模态收敛得慢些，且当总布点数 $N \geqslant 480$ 时，误差值 ε 均小于 0.01，GFDM 的精度相对较高；同时，还采用不同的子区域点数 n_s 模拟了悬臂梁模型的第一阶固有频率，如图 4-20 所示，从图中可以看出，随着总布点数 N 的增加，三种子区域点数 n_s 对应的一阶模态固有频率均趋于稳定，且误差值 ε 均无限接近于 0，本章 n_s 可取 10。因此，在模拟悬臂梁模型时，所需要的总布点数和子区域点数会比两端支撑（$N = 400$，$n_s = 5$）更多些，才能较大范围满足工程的计算精度。

表 4-4 给出了悬臂梁模型的前四阶固有频率及计算时间。可见，应用 GFDM 法得到的结果与 DTM[25]、DQM[25] 以及 Thomson 的精确解[26] 研究成果均吻合良好，

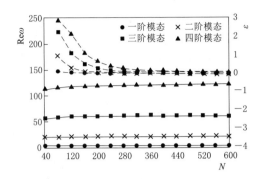

图 4-19 前四阶无量纲固有频率及误差随
总布点数 N 变化曲线（实线代表
固有频率，虚线代表误差）

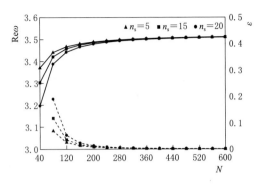

图 4-20 前四阶无量纲固有频率及误差随
子区域点数 n_s 变化曲线（实线代表
固有频率，虚线代表误差）

而 VIM[16] 由于输入错误，其结果在模态第三、四阶中出现较大误差。采用
GFDM（$N=480$）所用的计算时间均低于另外三种数值方法，即 VIM（$N=16$）、
DQM（$N=17$）与 DTM（$N=60$），同时悬臂梁模型的计算时间也低于两端支撑梁模
型（$t_{C-C}=0.88s$，$t_{C-P}=0.89s$，$t_{P-P}=0.87s$）。因此说明，采用 GFDM 数值方法模拟
悬臂梁模型时具有较高的计算效率。

表 4-4 　　　　　　　　　　　悬臂梁模型固有频率值

边界条件	数值方法	ω_1	ω_2	ω_3	ω_4	计算时间 t/s
悬臂	DTM	3.52	22.03	61.70	120.90	1.43
	DQM	3.52	22.04	61.71	120.93	1.03
	VIM	3.52	22.03	88.83	157.91	2.55
	精确解	3.52	22.03	61.70	120.90	—
	GFDM	3.52	22.04	61.70	120.89	0.86

图 4-21 给出了悬臂梁模型前四阶固有频率所对应的振动形状的演化曲线。由图
可见，与精确解[26] 以及 VIM[16] 研究成果进行对比，均吻合良好，且 GFDM 法计算
得到的结果比 VIM 更接近精确解，说明
了本节提出的数值模式在计算悬臂梁模型
时具有良好的准确性。梁模型在自由振动
时，其自由端因无约束限制而产生了位移
量，同时随着振型阶数的增加，振动周期
随着晃动次数依次增加而逐渐减小。

图 4-22 绘制了四种不同支撑下前两
阶模态形状的演化曲线。由图可知，两端
支撑管道（保守型系统）在进行周期性输
流过程中，所产生的能量 $\Delta W=0$，故在振

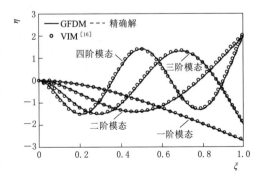

图 4-21 悬臂梁模型前四阶模态
形状的演化曲线

55

动时的模态形状基本呈现对称（一阶）和反对称（二阶）现象；而当水流从悬臂支撑管道（非保守型系统）的自由端流出时，会产生一个切向的负载（非保守力），使系统无法保持守恒状态，因而在振动时的模态形状呈现出非对称现象，并在自由端会产生一定的位移量（$\eta \neq 0$）。

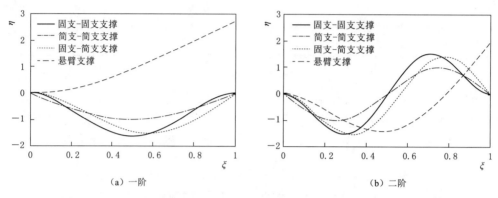

（a）一阶　　　　　　　　　　（b）二阶

图 4-22　四种不同支撑下前两阶模态形状的演化曲线

4.3.3.2　流速 u 对悬臂输流直管模态的影响

当流体流速由零逐渐增大时，悬臂输流直管系统的特征值会发生变化。图 4-23给出了前四阶无量纲复频率随流体流速 u 的演化曲线。将数值结果与 DTM[25]、

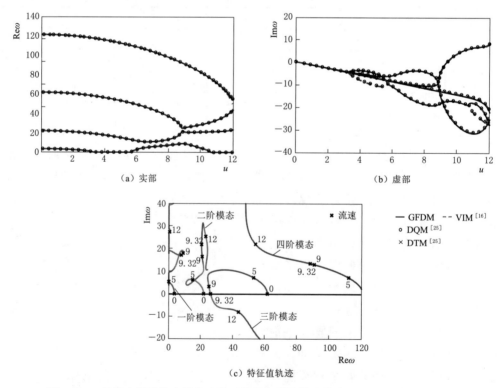

（a）实部　　　　　　　　　　（b）虚部

（c）特征值轨迹

图 4-23　悬臂支撑输流直管前四阶无量纲复频率随流体流速 u 的变化（$\beta = 0.5$）

DQM[6] 和 VIM[16] 的研究成果进行对比，均吻合良好，说明本节数值模式可有效模拟悬臂支撑输流直管振动模态问题。由图 4-23 可见，当初始稳定流速（$0 \leqslant u \leqslant 2$）增大时，即内激励增大，管道系统的固有频率（复频率实部）随之降低，但减小幅度不明显，且高阶模态的固有频率比低阶模态降低的幅度更明显，此时系统处于稳定状态，如图 4-23（a）和（b）所示。当流速持续增大时，第三阶模态的虚部由正数开始逐渐减小至负数，系统发生颤振失稳，得出临界流速值为 9.32，主要是因为在高速情况下，科氏力可能诱发悬臂输流直管出现颤振失稳；同时，随着流速的增加，低阶模态会含有高阶模态的成分，即第一阶模态（红色部分）含有第二阶模态（绿色部分），第二阶模态含有第三阶模态（蓝色部分），如相位矢量图 4-23（c）所示。

4.3.3.3 质量比 β 对悬臂输流直管模态的影响

所谓质量比 β，就是管内液体质量与总质量（液体质量＋管道质量）的比值，即 $\beta = m_f / (m_f + m_p)$。在输流过程中，实际管道基本处于满管状态，因此在管材材质相同的情况下，质量比的变化与管径大小息息相关，同时其对输流管道振动模态的作用也是十分重要。

针对不同的质量比 β（$\beta = 0.001$，$\beta = 0.2$，$\beta = 0.387$，$\beta = 0.556$）情况下，悬臂输流直管前四阶特征值轨迹随流速 u 变化规律，绘制以复频率实部为横坐标，虚部为纵坐标的 Argand 图，如图 4-24 所示。可见，应用 GFDM 法计算得到的数值结果与 DQM[25] 的研究成果进行对比，均吻合良好。随着流速（红色×部分）的增加，四种质量比对应的前四阶特征值轨迹均出现不同现象。当 $\beta = 0.001$（相当于实际管道内径 81.50mm，外径 101.60mm），在流速较小（$u_{cr} = 4.30$）时，系统的第二阶模态出现颤振失稳 $[\mathrm{Im}\omega = 0]$，如图 4-24（a）；当 $\beta = 0.20$（相当于实际管道内径 113.90mm，外径 139.70mm）时，流体在系统的第一、三、四阶模态中均产生正阻尼 $[\mathrm{Im}\omega > 0]$，而在流速 $u_{cr} = 5.63$ 时，流体在系统的第二阶模态产生负阻尼 $[\mathrm{Im}\omega < 0]$，诱发管道出现颤振失稳，如图 4-24（b）；当 $\beta = 0.387$（相当于实际管道内径 162.10mm，外径 177.80mm）时，第二、三阶模态的特征值在流速 $u = 8.50$ 处发生了切换，其中，第二阶模态的特征值轨迹沿着 $\mathrm{Im}\omega$ 轴的正方向延伸，而第三阶模态的特征值轨迹在流速 $u_{cr} = 8.72$ 处穿越 $\mathrm{Re}\omega$ 轴发生失稳，如图 4-24（c）；当 $\beta = 0.556$（相当于实际管道内径 208.70mm，外径 219.10mm）时，系统的第二阶模态经过几次弯曲后，在流速较大位置（$u_{cr} = 9.68$）处发生失稳，如图 4-24（d）。因此，在管道材质和密度相等的情况下，随着质量比 β 的增加，管径也会随着增加，悬臂支撑输流直管出现颤振失稳时所对应的临界流速 u_{cr} 就越高，系统失稳发生的概率就会越低。同时，与两端支撑相比，四种质量比对应的悬臂输流直管前四阶特征值轨迹均不会关于 $\mathrm{Im}\omega = 0$ 轴对称，且各阶特征值轨迹随流速变化的曲线均是独立的，不会互相产生交汇，在系统首次发生失稳时，出现在第一阶模态中的概率较低，这与管道系统的非保守振动有关。

为了进一步说明质量比 β 的变化对悬臂输流直管模态的影响，将临界流速 u_{cr}、

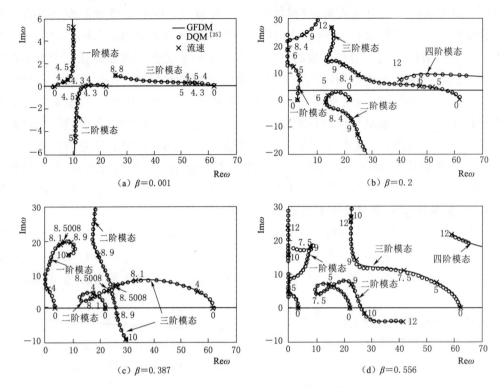

图 4 - 24　悬臂支撑输流直管前四阶特征值轨迹随着流速 u 变化曲线

颤振频率以及颤振模态阶数绘制于表 4 - 5 中，可见，当系统在不同的质量比 β 情况下发生首次失稳时，均有可能出现在第二阶或第三阶模态中，所对应的颤振频率和临界流速也随着质量比的增大而变大。

表 4 - 5　　　　　　　　　　　　悬臂支撑输流直管模型临界流速

质量比 $/10^{-1}$	临界流速	颤振频率	颤振模态阶数	质量比 $/10^{-1}$	临界流速	颤振频率	颤振模态阶数
0.01	4.30	13.90	二阶	5.00	9.32	26.28	三阶
2.00	5.63	13.67	二阶	5.56	9.68	26.30	二阶
3.87	8.72	25.77	三阶				

4.3.3.4　悬臂输流直管临界流速 u_{cr} 分析

当管道在输流过程中，管内流体流速超过某一阈值时，管道系统将会出现大幅度振动，因而呈现"失稳"现象，即管道的变形力与管内流体作用力之间的相互耦合而产生的一种不稳定动态，从而使系统因不稳定而产生破坏。为了进一步研究临界流速对于悬臂输流直管振动响应的影响，本节针对不同质量比（$\beta=0.001$、$\beta=0.2$、$\beta=0.387$、$\beta=0.5$、$\beta=0.556$）对应的临界流速下输流直管进行模拟计算，初始条件取 $\eta(\xi,\ 0)=0,\ \dot{\eta}(\xi,\ 0)=0.038\sin(\pi\xi)$。

选取悬臂输流直管自由端位置，通过绘制不同质量比下时程图（位移随时间变

化）和相位图（速度随位移变化），来反映流体流速小于或大于临界流速时管道系统
的振动特性，如图 4-25 所示。由图可见，当流体流速小于临界流速（$u<u_{cr}$）时，系
统在阻尼作用的影响下，管道自由端振动幅值随着时间变化呈现衰减趋势，且相位图显
示为一条没有完整周期的椭圆形曲线，此时系统处于稳定状态，如图 4-25（a）、
（c）、（e）、（g）和（i）所示；当流体流速大于临界流速（$u>u_{cr}$）时，不同质量比对应
的管道自由端振动幅值均随着时间呈指数形式急剧增长至无穷大，曲线呈现发散形式，
且相位图显示为一条线性增长的直线，此时系统是处于失稳状态，主要是因为悬臂输流
直管耦合振动方程中含有科氏力项（相当于系统的一种"负阻尼"），致使管系在流速
所提供的能量下产生自激振动，如图 4-25（b）、（d）、（f）、（h）和（j）所示。

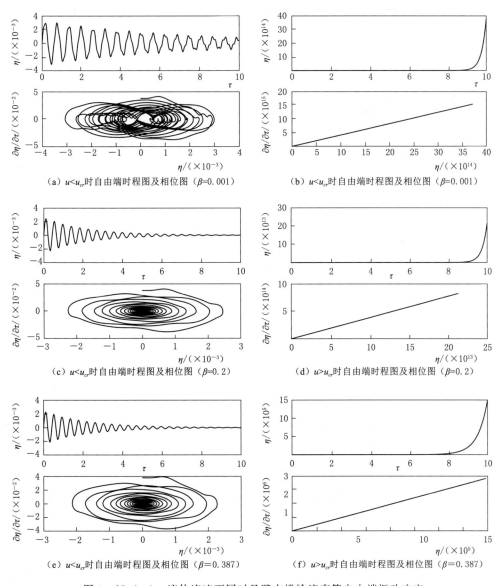

（a）$u<u_{cr}$时自由端时程图及相位图（$\beta=0.001$） （b）$u<u_{cr}$时自由端时程图及相位图（$\beta=0.001$）

（c）$u<u_{cr}$时自由端时程图及相位图（$\beta=0.2$） （d）$u>u_{cr}$时自由端时程图及相位图（$\beta=0.2$）

（e）$u<u_{cr}$时自由端时程图及相位图（$\beta=0.387$） （f）$u>u_{cr}$时自由端时程图及相位图（$\beta=0.387$）

图 4-25（一） 流体流速不同时悬臂支撑输流直管自由端振动响应

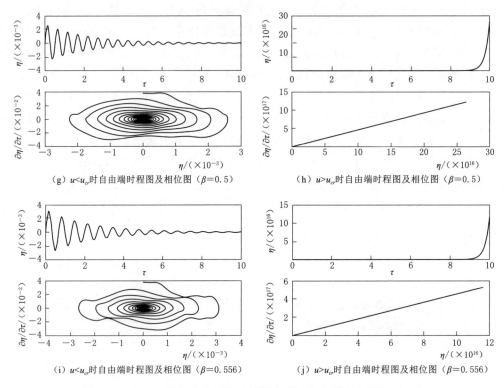

（g）$u<u_{cr}$ 时自由端时程图及相位图（$\beta=0.5$）　　　　（h）$u>u_{cr}$ 时自由端时程图及相位图（$\beta=0.5$）

（i）$u<u_{cr}$ 时自由端时程图及相位图（$\beta=0.556$）　　（j）$u>u_{cr}$ 时自由端时程图及相位图（$\beta=0.556$）

图 4 - 25（二）　流体流速不同时悬臂支撑输流直管自由端振动响应

读者可阅读文献 [28] 和文献 [29]，以对本章有更为深刻的理解。

参 考 文 献

[1]　PAÏDOUSSIS M P，LI G X. Pipes conveying fluid：a model dynamical problem [J]. Journal of Fluids and Structures，1993，7（2）：137 - 204.

[2]　BOURRIÈRES F J. Surun phénomène d'oscilation auto-entretenue en mécanique des fluids réels [J]. Publications Scientifiques et Techniques du Ministère de l'Air，1939，147.

[3]　ASHLEY H，HAVILAND G. Bending vibrations of a pipe line containing flowing fluid [J]. Journal of Applied Mechanics-Transactions of the ASME，1950，17（3）：229 - 232.

[4]　FEODOSEV V P. Vibrations and stability of a pipe when liquid flows through it [J]. Inzhenernyi Sbornik，1951，10：169 - 170.

[5]　NIORDSON FI. Vibrations of cylindrical tube containing flowing fluid [J]. Kungliga Tekniska Hogskolans Handlingar，Stockholm，1953，1953（73）.

[6]　LI T，DIMAGGIO O. D. Vibration of a propellant line containing flowing fluid [J]. 5th Annual Structures and Materials Conference. 1964，194 - 199.

[7]　PAÏDOUSSIS M P，ISSID N T. Dynamic stability of pipes conveying fluid [J]. Journal of Sound and Vibration，1974，33（3）：267 - 294.

[8]　PAÏDOUSSIS M P. Flow-induced instabilities of cylindrical structures [J]. Applied Mechanics Reviews，1987，40：163 - 175.

［9］ GREGORY R W，PAIDOUSSIS M P. Unstable Oscillation of Tubular Cantilevers Conveying Fluid I. Theory ［J］. Proceedings of the Royal Society，1966，293 (1435)：512–527.

［10］ HOLMES，P J. Pipes Supported at Both Ends Cannot Flutter ［J］. Journal of Applied Mechanics，1978，45 (3)：619.

［11］ HOLMES P J. Bifurcations to divergence and flutter in flow-induced oscillations：A finite dimen-sionalanalysis ［J］. Journal of Sound and Vibration，1977，53 (4).

［12］ 倪樵，黄玉盈，陈贻平. 微分求积法分析具有弹性支承输液管的临界流速 ［J］. 计算力学学报，2001，18 (2)：146–149.

［13］ 倪樵，黄玉盈. 量谐波平衡法用于输液管的非线性振动分析 ［J］. 华中科技大学学报 (自然科学版)，2000，28 (10)：43–45.

［14］ 倪樵，黄玉盈. 非线性约束粘弹性输液管的动力特性分析 ［J］. 华中科技大学学报 (自然科学版)，2001，29 (2)：87–89.

［15］ 倪樵，黄玉盈. 正交异性输液管的振动与稳定性分析 ［J］. 华中科技大学学报 (自然科学版)，2001，29 (3)：95–98.

［16］ LI Y D，YANG Y R. Vibration analysis of conveying fluid pipe via He's variational iteration meth-od ［J］. Applied Mathematical Modelling，2017，43：409–420.

［17］ LIM J H，JUNG G C，CHOI Y S. Nonlinear dynamic analysis of cantilever tube conveying fluid with system identification ［J］. Journal of Mechanical Science and Technology，2003，17 (12)：1994–2003.

［18］ GHAITANI M M，GHORBANPOURARANI A，KHADEMIZADEH H. Nonlinear vibration and instability of embedded viscose-fluid-conveying pipes using DQM ［J］. Advanced Design and Manu-facturing Technology，2014，7 (1)：45–51.

［19］ 朱晨光，徐思朋. 功能梯度输流管的非线性自由振动分析 ［J］. 振动与冲击，2018，37 (14)：195–201.

［20］ QIAN Q，WANG L，NI Q. Instability of simply supported pipes conveying fluid under thermal loads ［J］. Mechanics Research Communications，2009，36 (3)：413–417.

［21］ AN C，SU J. Dynamic response of clamped axially moving beams：Integral transform solution ［J］. Applied Mathematics & Computation，2011，218 (2)：249–259.

［22］ GU J，AN C，DUAN M，et al. Integral transform solutions of dynamic response of a clamped-clamped pipe conveying fluid ［J］. Nuclear Engineering and Design，2013，254：237–245.

［23］ PAÏDOUSSIS M P. Fluid-structure interactions：slender structures and axial flow ［M］. Vol. 1. London (UK)：Academic Press，1998.

［24］ GU J，DAI B，WANG Y，et al. Dynamic analysis of a fluid-conveying pipe under axial tension and thermal loads ［J］. Ships & Offshore Structures，2016，12 (2)：1–14.

［25］ NI Q，ZHANG Z L，WANG L. Application of the differential transformation method to vibration analysis of pipes conveying fluid ［J］. Applied Mathematics & Computation，2011，217 (16)：7028–7038.

［26］ CHAN H F，FAN C M，KUO C W. Generalized finite W. T. Thomson，Theory of Vibration with Applications ［M］，New Jersey：Prentice-Hall，1981.

［27］ QIAN Q，WANG L，NI Q. Instability of simply supported pipes conveying fluid under thermal loads ［J］. Mechanics Research Communications，2009，36 (3)：413–417.

［28］ 张恒. 内激励型振荡衰减流作用下输流直管振动特性研究 ［D］. 福州：福州大学，2018.

［29］ 胡燕. 内激励作用下多跨输流管道耦合振动特性研究 ［D］. 福州：福州大学，2019

第 5 章　GFDM 在多跨输流管道耦合振动特性研究中的应用

在第 4 章中，验证了 GFDM 法在模拟单跨输流直管耦合振动特性的适用性和有效性。而在实际工程中，管路系统大多数是多跨的输流管道，即由多个单跨通过底部支撑连接在一起。在管内水流引起的内部激励作用下，会导致多跨输流直管产生横向振动，轻则降低系统运行的可靠性，重则会造成爆裂破坏，因此研究它们的动力学行为也逐渐受到国内外研究者的广泛关注。早期时段，研究者基本是对"周期性"（具有相同跨度和约束）输流管道振动进行研究[1-3]，而在实际工程环境中，"非周期性"（具有不同跨度或约束）输流管道颇多，但是研究却十分有限。在 2001 年，Wu 和 Shih[4] 研究了"非周期性"多跨输流管道在含有中间"刚性"支撑和外载荷作用下的自由振动和强迫振动。在 2005 年，Lin 等[5] 基于 Timoshenko 梁模型，研究了不同边界条件下，中间具有任意数量柔性支撑的梁模型的自由振动响应，并分析了中间支撑刚度和所处位置对管道结构的影响。在 2011 年，Li 等[6] 基于 Timoshenko 梁模型建立了多跨输流管道振动方程，对其自由振动响应进行了分析。两年后，Li 等[7] 采用混响射线法和快速傅立叶变换模拟单跨和两跨输流管道，得到了不同流速下的速度、变形、剪切力和弯矩等瞬态响应。2011 年，黄锦涛[8] 通过计算管系临界流速和振动频率随弹性支撑刚度的变化，对弹性支撑下单跨和"非周期性"多跨输流直管（两跨和五跨）进行稳定性分析，总结出以增加中间弹性支撑个数来预防和控制多跨输流直管系统失稳的措施。Wu[9] 等在 2015 年采用有限元法结合解析法分析在考虑轴向载荷作用下多跨简直输流管的屈曲临界流速和相应的屈曲模态形状。Deng 等[10-11] 在 2016—2017 年基于欧拉-伯努利梁理论，研究了管道材料为黏弹性功能梯度的"非周期性"多跨输流管道的稳定性，确定了固有频率、临界速度和临界压力等动态特性，并详细讨论了管道几何配置和管内流体性质的物理参数对稳定性的影响。Liu 和 Wang 等[12] 在 2018 年研究了在复杂边界条件下"非周期性"多跨输流直管的振动响应，并分析了管道中阀门、夹具、法兰、弹性支承和减振器等附件对多跨输流直管振动特性的影响。

本章针对基于欧拉-伯努利梁理论的多跨输流直管耦合振动方程，采用广义有限差分法对该方程式进行离散，分别对多跨梁模型、"非周期性"多跨输流直管模型（两跨、三跨、七跨）进行数值模拟，研究管内流体水力参数（流速、压力等因素）、不同支撑和跨数的变化对管道系统稳定性的影响，并验证所提数值模式的可行性和准确性，为管道的安全运行和振动控制提供重要的理论依据。

5.1　两端任意支撑多跨输流直管耦合振动控制方程及边界条件

如图 5-1 所示，在 k 个中间支撑（$k=1,2,\cdots,N-1,N$）作用下，单跨（Single-Span，S-S）输流直管被分成 $k+1$ 跨管道，即为多跨（Multi-Span，M-S）输流直管。管道的总长度为 L，管道中轴线沿着 x 轴方向，管道的横向位移 $Y(x,t)$ 沿着 y 轴方向，管内流体以流速 U 从左端向右端流出，并充满整个管道。

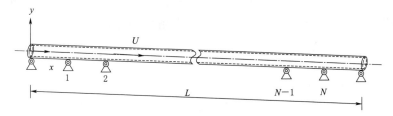

图 5-1　具有 k 个中间支撑的多跨输流直管模型

假设多跨输流直管的管道由均匀的 Kelvin-Voigt 黏弹性材料制成，管内流体具有不可压缩性和无黏性，忽略重力的影响，则基于欧拉-伯努利梁理论的多跨输流直管耦合振动方程可表述为[13]

$$C_i I \frac{\partial^5 Y}{\partial x^4 \partial t} + EI \frac{\partial^4 Y}{\partial x^4} + (m_f U^2 + pA - T)\frac{\partial^2 Y}{\partial x^2} + 2m_f U \frac{\partial^2 Y}{\partial x \partial t} + m_f \frac{\partial U}{\partial t}\frac{\partial Y}{\partial x} +$$

$$C_0 \frac{\partial Y}{\partial t} + (m_f + m_p)\frac{\partial^2 Y}{\partial t^2} = F(x,t) \tag{5-1}$$

式中：C_i 和 C_0 分别为管道内部的耗散系数和由管道与流体之间的摩擦引起的外部黏滞阻尼系数；E 和 I 分别为管道的弹性模量和横截面惯性矩；p 和 A 分别为管内流体压强和管道的横截面积；t 为时间；m_p 和 m_f 分别为单位长度管道质量和管内流体质量；T 为管道的轴向张力；$F(x,t)$ 为作用于管道上的均匀分布力。

假设多跨输流直管具有连续梁的超静定结构特征，考虑将中间支撑去掉，用相应的约束反力代替，使多跨输流直管简化为在 k 个（$k=1,2,\cdots,N-1,N$）未知约束反力 $P_k(t)$ 作用下的单跨输流直管，如图 5-2 所示，则多跨输流直管耦合振动方程转化为

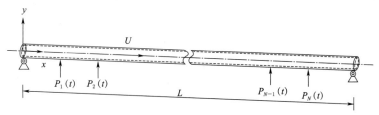

图 5-2　多跨输流直管计算模型

$$C_i I \frac{\partial^5 Y}{\partial x^4 \partial t} + EI \frac{\partial^4 Y}{\partial x^4} + (m_f U^2 + pA - T) \frac{\partial^2 Y}{\partial x^2} + 2m_f U \frac{\partial^2 Y}{\partial x \partial t} + m_f \frac{\partial U}{\partial t} \frac{\partial Y}{\partial x} +$$

$$C_0 \frac{\partial Y}{\partial t} + (m_f + m_p) \frac{\partial^2 Y}{\partial t^2} = F(x, t) + W_k(t) \tag{5-2}$$

式中：$W_k(t) = \sum_{i=1}^{N} P_k(t) \delta(x - x_k)$　$(0 \leqslant x \leqslant L)$，其中，$P_k(t)$ 为中间支撑约束反力，x_k 为中间支撑的位置坐标，$\delta(x - x_k)$ 为狄克拉函数。

为了求解固有频率，需令式（5 - 2）中外部激振力与约束反力之和等于零，即 $F(x, t) + W_k(t) = 0$，得到多跨输流直管的自由振动方程：

$$C_i I \frac{\partial^5 Y}{\partial x^4 \partial t} + EI \frac{\partial^4 Y}{\partial x^4} + (m_f U^2 + pA - T) \frac{\partial^2 Y}{\partial x^2} + 2m_f U \frac{\partial^2 Y}{\partial x \partial t} + m_f \frac{\partial U}{\partial t} \frac{\partial Y}{\partial x} +$$

$$C_0 \frac{\partial Y}{\partial t} + (m_f + m_p) \frac{\partial^2 Y}{\partial t^2} = 0 \tag{5-3}$$

两端任意支撑多跨输流直管模型的边界条件，如下所示：

（1）固支-固支（Clamped-Clamped，C-C）

$$Y(0,t) = 0 \ , \quad \frac{\partial Y(0,t)}{\partial x} = 0 \ , \quad Y(L,t) = 0 \ , \quad \frac{\partial Y(L,t)}{\partial x} = 0 \tag{5-4a}$$

（2）固支-简支（Clamped-Pinned，C-P）

$$Y(0,t) = 0 \ , \quad \frac{\partial Y(0,t)}{\partial x} = 0 \ , \quad Y(L,t) = 0 \ , \quad \frac{\partial^2 Y(L,t)}{\partial x^2} = 0 \tag{5-4b}$$

（3）简支-简支（Pinned-Pinned，P-P）

$$Y(0,t) = 0 \ , \quad \frac{\partial^2 Y(0,t)}{\partial x^2} = 0 \ , \quad Y(L,t) = 0 \ , \quad \frac{\partial^2 Y(L,t)}{\partial x^2} = 0 \tag{5-4c}$$

（4）固支-自由（Clamped-Free，C-F）

$$Y(0,t) = 0 \ , \quad \frac{\partial Y(0,t)}{\partial x} = 0 \ , \quad \frac{\partial^2 Y(L,t)}{\partial x^2} = 0 \ , \quad \frac{\partial^3 Y(L,t)}{\partial x^3} = 0 \tag{5-4d}$$

因式（5 - 2）中 $W_k(t)$ 的 $P_k(t)$ 是未知的，故需要在中间支撑处添加约束条件，即

$$Y(x_k, t) = 0 \qquad (k = 1, 2, \cdots, N - 1, N) \tag{5-5}$$

将多跨输流直管横向自由振动方程式（5 - 3）中引入无量纲变量，即

$$\xi = x/L; \quad \eta = y/L; \quad \tau = \left(\frac{EI}{m_f + m_p}\right)^{1/2} \frac{t}{L^2}; \quad u = \left(\frac{m_f}{EI}\right)^{1/2} UL;$$

$$\beta = \frac{m_f}{m_f + m_p}; \quad \Pi = \frac{pA_f L^2}{EI}; \quad \Gamma = \frac{TL^2}{EI}; \quad \chi = \frac{C_0 L^2}{[EI(m_f + m_p)]^{1/2}};$$

$$\alpha = \left[\frac{I}{E(m_f + m_p)}\right]^{1/2} \frac{C_i}{L^2} 。 \tag{5-6}$$

整理可得多跨输流直管横向自由振动方程的无量纲形式：

$$\alpha \frac{\partial^5 \eta}{\partial \xi^4 \partial \tau} + \frac{\partial^4 \eta}{\partial \xi^4} + (u^2 + \Pi - \Gamma) \frac{\partial^2 \eta}{\partial \xi^2} + 2\beta^{1/2} u \frac{\partial^2 \eta}{\partial \xi \partial \tau} + \beta^{1/2} \frac{\partial u}{\partial \tau} \frac{\partial \eta}{\partial \xi} +$$

$$\chi \frac{\partial \eta}{\partial \tau} + \frac{\partial^2 \eta}{\partial \tau^2} = 0 \tag{5-7}$$

同样，边界条件的无量纲形式可写成如下形式。

(1) 固支-固支（C-C）：

$$\eta(0,\tau) = 0, \quad \frac{\partial \eta(0,\tau)}{\partial \xi} = 0, \quad \eta(1,\tau) = 0, \quad \frac{\partial \eta(1,\tau)}{\partial \xi} = 0 \tag{5-8a}$$

(2) 固支-简支（C-P）：

$$\eta(0,\tau) = 0, \quad \frac{\partial \eta(0,\tau)}{\partial \xi} = 0, \quad \eta(1,\tau) = 0, \quad \frac{\partial^2 \eta(1,\tau)}{\partial \xi^2} = 0 \tag{5-8b}$$

(3) 简支-简支（P-P）：

$$\eta(0,\tau) = 0, \quad \frac{\partial^2 \eta(0,\tau)}{\partial \xi^2} = 0, \quad \eta(1,\tau) = 0, \quad \frac{\partial^2 \eta(1,\tau)}{\partial \xi^2} = 0 \tag{5-8c}$$

(4) 固支-自由（C-F）：

$$\eta(0,\tau) = 0, \quad \frac{\partial \eta(0,\tau)}{\partial \xi} = 0, \quad \frac{\partial^2 \eta(1,\tau)}{\partial \xi^2} = 0, \quad \frac{\partial^3 \eta(1,\tau)}{\partial \xi^3} = 0 \tag{5-8d}$$

对应的中间支撑处约束条件的无量纲形式：

$$\eta_k = 0 \tag{5-9}$$

5.2 两端任意支撑多跨输流直管耦合振动控制方程离散

采用 GFDM 离散方程式（5-7）前，需对整个研究对象的横坐标 ξ 进行内部均匀网格划分，为了更好地捕捉到中间支撑位置处的位移变形，减小该处的误差，可以在 k 个中间支撑的两边各增加两个微小量 Φ（$\Phi = 10^{-3}$），即图中支座两端的"×"计算点，同样在两端边界点引入微小量 Λ（$\Lambda = 10^{-8} \sim 10^{-4}$）以便添加系统的边界条件；网点划分之后，以第 i 个节点为中心，选择与其最近的 n_s 个节点，形成矩形状的子区域（$star$），如图 5-3 所示。

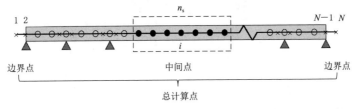

图 5-3 计算域中网点划分及 n_s 选点示意图

接着，类似于第 4 章针对方程式（4-6）的处理方法，采用 GFDM 对运动微分方程中空间变量的一阶、二阶和四阶偏微分项进行离散，将式（4-15）～式（4-17）

代入式（5-7），可得线性齐次方程：

$$\ddot{\eta}_i + \Big(\alpha \sum_{j=0}^{n_s} e_{4j}^i + 2\beta^{1/2} u \sum_{j=0}^{n_s} e_{1j}^i + \chi\Big)\dot{\eta}_i +$$

$$\Big[\sum_{j=0}^{n_s} e_{4j}^i + (u^2 + \Pi - \Gamma)\sum_{j=0}^{n_s} e_{2j}^i + \beta^{1/2}\dot{u}\sum_{j=0}^{n_s} e_{1j}^i\Big]\eta_i = 0$$

$$i = 3, 4, \cdots, N-3, N-2 \tag{5-10}$$

随之，使所有边界点满足任意两端支撑的边界条件，采用 GFDM 对其进行离散，将式（5-15）～式（5-17）代入式（5-8a）～式（5-8d）中，即

（1）固支-固支（C-C）：

$$\eta_1 = 0, \quad \sum_{j=0}^{n_s} e_{1j}^2 \eta_{2,j}^n = 0, \quad \sum_{j=0}^{n_s} e_{1j}^{N-1}\eta_{N-1,j}^n = 0, \quad \eta_N = 0 \tag{5-11a}$$

（2）固支-简支（C-P）：

$$\eta_1 = 0, \quad \sum_{j=0}^{n_s} e_{1j}^2 \eta_{2,j}^n = 0, \quad \sum_{j=0}^{n_s} e_{2j}^{N-1}\eta_{N-1,j}^n = 0, \quad \eta_N = 0 \tag{5-11b}$$

（3）简支-简支（P-P）：

$$\eta_1 = 0, \quad \sum_{j=0}^{n_s} e_{2j}^2 \eta_{2,j}^n = 0, \quad \sum_{j=0}^{n_s} e_{1j}^{N-1}\eta_{N-1,j}^n = 0, \quad \eta_N = 0 \tag{5-11c}$$

（4）固支-自由（C-F）：

$$\eta_1 = 0, \quad \sum_{j=0}^{n_s} e_{1j}^2 \eta_{2,j}^n = 0, \quad \sum_{j=0}^{n_s} e_{2j}^{N-1}\eta_{N-1,j}^n = 0, \quad \sum_{j=0}^{n_s} e_{3j}^N \eta_{N,j}^n = 0 \tag{5-11d}$$

同时，使所有中间支撑位置处对应的点满足中间支撑的约束条件，并采用 GFDM 对其进行离散，可得

$$\eta_k = 0 \tag{5-12}$$

整理可得黏滞阻尼系统的振动方程为

$$[\boldsymbol{M}]\{\ddot{\boldsymbol{Y}}\} + [\boldsymbol{C}]\{\dot{\boldsymbol{Y}}\} + [\boldsymbol{K}]\{\boldsymbol{Y}\} = 0 \tag{5-13}$$

其中，

$$\boldsymbol{M} = \begin{bmatrix} 1 & 1 & \cdots & 1 \end{bmatrix}_{N \times N}$$

$$\boldsymbol{C} = \alpha \sum_{j=0}^{n_s} e_{4j}^i + 2\beta^{1/2} u \sum_{j=0}^{n_s} e_{1j}^i + \chi$$

$$\boldsymbol{K} = \sum_{j=0}^{n_s} e_{4j}^i + (u^2 + \Pi - \Gamma)\sum_{j=0}^{n_s} e_{2j}^i + \beta^{1/2}\dot{u}\sum_{j=0}^{n_s} e_{1j}^i$$

最后，按照布点顺序结合式（5-13）、式（5-11a）～式（5-11d）和式（5-12），可得多跨输流直管的 GFDM 求解形式，即

$$|\boldsymbol{P}\lambda + \boldsymbol{Q}| = \boldsymbol{0} \tag{5-14}$$

式中：$\boldsymbol{P} = \begin{bmatrix} \boldsymbol{C} & \boldsymbol{M}; & \boldsymbol{M} & \boldsymbol{0} \end{bmatrix}$；$\boldsymbol{Q} = \begin{bmatrix} \boldsymbol{K} & \boldsymbol{0}; & \boldsymbol{0} & -\boldsymbol{M} \end{bmatrix}$；$\lambda$ 为待求的特征值。

通过式（5-14）即可求得多跨输流直管在不同变量参数情况下的复频率值（实部和虚部）以及振型。通过以上的计算过程可知，本章通过把中间支撑转化为作用于管道上的未知约束力，将多跨输流直管变成单跨输流直管，再采用 GFDM 对其进行求解，与分段联立法（将多跨梁振动方程转化为满足弯矩、转角和位移条件的多个单跨梁振动方程进行联立求解）相比较，不仅方便编制计算程序，还简化了计算过程，解决了实际工程中"非周期性"（跨度或约束条件不同）多跨输流管道振动特性的计算。

5.3 不同模型的数值模拟验证与分析

为了验证多跨输流直管耦合振动数值模式的准确性与可行性，本节分别对多跨梁模型和"非周期性"多跨输流直管模型（两跨、三跨、七跨）的模态振动进行数值模拟，分析管内流体水力参数（流体流速、液体压力）对多跨输流直管复频率实部和虚部的影响，并与前人所做研究得到的结果进行对比。

5.3.1 多跨梁模型

本节针对不同支撑条件（固支-固支、固支-简支、简支-简支、固支-自由），分别对等跨和不等跨情况下的两跨梁模型振动模态进行数值模拟，并分析不同支撑对管道固有特性（固有频率和振型）的影响以及其规律。本节数值模型参数分别取总点数 $N=1028$，子区域选点数 $n_s=15$。

5.3.1.1 等跨梁模型

本节考虑两跨输流直管模型，即管道中间只有一个刚性支撑（铰支座），位置为 $x_k=0.5$，将管道分为长度相等的两段。当流体流速 $u=0$ 时，两跨输流直管模型简化为两跨直梁模型，将四种支撑下等跨梁模型的前四阶固有频率列于表 5-1，与解析解[3] 的研究成果进行对比，四种支撑（固支-固支、固支-简支、简支-简支、固支-自由）梁模型的绝对误差最大为 0.19，最小为 0.00，相对误差最大为 0.04%，最小为 0.00%，说明本节数值模式在计算两跨的等跨直梁模型时，具有相当高的精度。从表 5-1 中可以看出，对于四种不同支撑条件下的等跨直梁模型的各阶固有频率，$\omega_{C-C}>\omega_{C-P}>\omega_{P-P}>\omega_{C-F}$；同时，四种不同支撑下的等跨梁模型在振动时，其每一阶固有频率均会随着阶数的增加而相应增加。

表 5-1 四种不同支撑下等跨梁模型固有频率

边界条件	数值方法	ω_1	ω_2	ω_3	ω_4
固支-简支-固支	解析解	61.67	89.49	199.86	246.69
	GFDM	61.67	89.49	199.85	246.69
	绝对误差	0.00	0.00	0.01	0.00
	相对误差/%	0.00	0.00	0.01	0.00

续表

边界条件	数值方法	ω_1	ω_2	ω_3	ω_4
固支-简支-简支	解析解	46.06	79.69	171.37	230.53
	GFDM	46.04	79.68	171.34	230.53
	绝对误差	0.02	0.01	0.03	0.00
	相对误差/%	0.04	0.01	0.02	0.00
简支-简支-简支	解析解	39.48	61.67	157.91	199.86
	GFDM	39.47	61.66	157.87	199.81
	绝对误差	0.01	0.01	0.04	0.05
	相对误差/%	0.03	0.02	0.03	0.03
固支-简支-自由	解析解	9.87	61.67	88.83	199.86
	GFDM	9.88	61.67	88.80	199.67
	绝对误差	0.01	0.00	0.03	0.19
	相对误差/%	0.10	0.00	0.03	0.10

图 5-4 为四种不同支撑情况下等跨梁模型模态形状的演化曲线。可见，计算得到的数值结果与解析解[14]进行对比，均吻合良好，说明本模式在计算等跨梁模型时有着良好的准确性。从图 5-4 中可以看出，横坐标 ξ 代表无量纲管道长度，η 代表无量纲横向位移，在 $\xi=0.5$ 位置处 $\eta=0$，相当于梁模型振动时，中间刚性支撑处的位

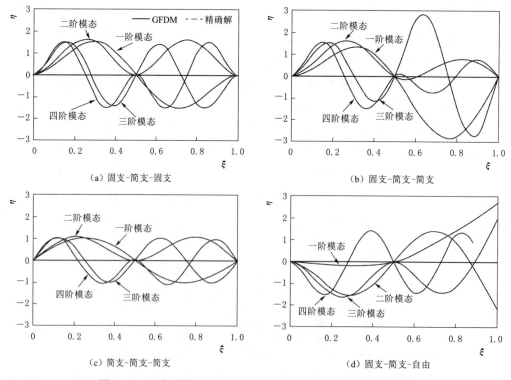

（a）固支-简支-固支　　　　　（b）固支-简支-简支

（c）简支-简支-简支　　　　　（d）固支-简支-自由

图 5-4　四种不同支撑情况下等跨梁模型的模态形状演化曲线

移为零。当支撑条件为固支-固支［图5-4（a）］和简支-简支［图5-4（c）］时，梁模型的一阶和三阶模态的形状关于$\xi=0.5$位置反对称，二阶和四阶模态的形状关于$\xi=0.5$对称；当支撑条件为固支-固支［图5-4（a）］和固支-简支［图5-4（b）］时，对于梁模型第一段，两者的模态形状基本相似，对于其第二段，固支-固支梁的一阶和三阶模态形状的变化幅度小于固支-简支梁，且前者（固支-固支梁）的二阶和四阶模态形状的变化幅度大于后者（固支-简支梁）。

5.3.1.2 不等跨梁模型

对于两跨直梁模型，中间刚性支撑位置为$x_k=0.8$，将梁模型分为长度不相等的两段，即第一段长度$l_1=0.8$，第二段长度$l_2=0.2$。表5-2给出了四种支撑下不等跨梁模型前四阶固有频率，同解析解[3]的研究成果进行对比，四种支撑（固支-固支、固支-简支、简支-简支、固支-自由）梁模型的绝对误差最大为0.09，最小为0.00，相对误差最大为0.15%，最小为0.00%，说明本文数值模式在计算两跨的不等跨直梁模型时，具有相当高的精度。从表5-2中可以看出，对于固支-固支支撑条件下的不等跨直梁模型的各阶固有频率最大，固支-简支次之，简支-简支最小；同时，四种不同支撑下的等跨梁模型在振动时，其每一阶固有频率均会随着阶数的增加而相应增加。对比于等跨梁模型可知，不等跨情况下三种支撑（固支-固支、固支-简支、简支-简支）梁模型的第一阶固有频率均大于等跨梁模型，但固支-自由支撑不等跨梁模型小于等跨梁模型，因此在进行多跨管路设计时，需重视各跨之间的间距对管道振动特性的影响。

表5-2　　　　　　　　　　四种不同支撑下不等跨梁模型固有频率

边界条件	数值方法	ω_1	ω_2	ω_3	ω_4
固支-简支-固支	解析解	31.81	88.77	175.18	289.07
	GFDM	31.81	88.76	175.17	289.07
	绝对误差	0.00	0.01	0.01	0.00
	相对误差/%	0.00	0.01	0.01	0.00
固支-简支-简支	解析解	31.11	87.18	171.33	270.09
	GFDM	31.11	87.18	171.31	270.00
	绝对误差	0.00	0.00	0.02	0.09
	相对误差/%	0.00	0.00	0.01	0.03
简支-简支-简支	解析解	21.33	70.42	147.91	246.74
	GFDM	21.33	70.41	147.89	246.69
	绝对误差	0.00	0.01	0.02	0.05
	相对误差/%	0.01	0.01	0.01	0.02
固支-简支-自由	解析解	21.93	52.36	94.80	177.27
	GFDM	21.94	52.44	94.83	177.26
	绝对误差	0.01	0.08	0.03	0.01
	相对误差/%	0.05	0.15	0.03	0.01

图 5-5 为四种不同支撑情况下不等跨梁模型模态形状的演化曲线。可见，采用 GFDM 法计算得到的数值结果与精确解[3] 进行对比，均吻合良好，说明本模式在计算不等跨梁模型时同样有着良好的准确性。从图 5-5 可见，在 $\xi=0.8$ 位置处位移 $\eta=0$。当支撑条件为固支-简支-固支 [图 5-5（a）] 和固支-简支-简支 [图 5-5（b）] 时，对于梁模型第一段，两者的模态形状基本相似，对于其第二段，固支-固支梁的前四阶模态形状的变化幅度均小于固支-简支梁；当支撑条件为固支-简支-简支 [图 5-5（b）] 和简支-简支-简支 [图 5-5（c）] 时，前者的前四阶模态形状的变化幅度均大于后者。

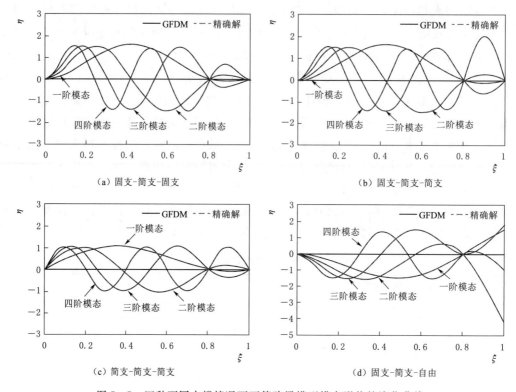

图 5-5　四种不同支撑情况下不等跨梁模型模态形状的演化曲线

5.3.2　"非周期性"多跨输流直管模型

5.3.2.1　两跨输流直管模型

5.3.1 节研究了四种不同支撑情况下两跨梁模型在等跨和不等跨时，其固有频率和模态形状的变化规律。本节考虑两跨（Two-span，W-S）输流直管模型，其边界条件为简支-简支，应用上述数值模型进行模拟输流直管的振动特性，本节均质管道材料采用钛合金 Ti-6AI-4V[15]，其第一段长度 $L_1=8m$，第二段长度 $L_2=2m$，因各跨的间距不同，也可称为"非周期性"两跨输流直管模型。计算模型参数可设置为：总布点数 $N=1028$，子区域点数 $n_s=15$，内部耗散系数 $\alpha=0$，轴向张力 $\Gamma=0$，外部黏滞阻尼系数 $\chi=0$，$\dot{u}=0$。其数值算例参数如表 5-3 所示。

表5-3   两跨输流直管数值算例参数

材料类型	管道长度/m	管道内径/m	管道外径/m	杨氏模量/GPa	管道密度/(kg/m³)	液体密度/(kg/m³)	质量比
Ti-6AI-4V	10	0.048	0.050	115	4515	1000	0.7225

为了验证应用 GFDM 求解两跨输流直管模型的准确性，表5-4给出了两跨输流直管前三阶固有频率在不同流速情况下的对比值。可见，计算得到的数值结果均与DSM[11]、AHM[12] 以及 FEM[11] 的研究成果吻合良好，其相对误差均小于3.78%，说明了本数值模式在计算两跨输流直管模型时，其精度和准确性均良好。

表5-4   两跨输流直管模型随流速变化的前三阶固有频率对比值

流速 u/(m/s)	数值方法	ω_1	ω_2	ω_3	备注
$u=1.5$	DSM	20.24	69.52	147.03	—
	AHM	20.24	69.52	147.04	—
	FEM	20.43	69.39	146.82	—
	GFDM	20.24	69.51	147.00	—
	相对误差/%	0.00	0.01	0.02	与 DSM
		0.00	0.01	0.03	与 AHM
		0.93	0.17	0.12	与 FEM
$u=3$	DSM	16.79	66.79	144.37	—
	AHM	16.80	66.78	144.38	—
	FEM	17.45	66.20	143.50	—
	GFDM	16.79	66.78	144.36	—
	相对误差/%	0.00	0.01	0.01	与 DSM
		0.06	0.00	0.01	与 AHM
		3.78	0.88	0.60	与 FEM

从以往研究表明，管道系统的稳定性可以通过固有频率 $\text{Re}\omega$ 的符号来确定。如：当 $\text{Re}\omega>0$ 或 $\text{Im}\omega=0$ 时，系统稳定；当 $\text{Re}\omega=0$ 或 $\text{Im}\omega<0$ 时，系统处于静态不稳定（也称发散）；当 $\text{Re}\omega>0$ 或 $\text{Im}\omega<0$ 时，系统处于动态不稳定（也称颤振）。

图5-6为两跨输流直管前三阶无量纲复频率随着无量纲流速 u 变化的演变曲线，与 DSM[11] 的研究成果进行对比，吻合良好。由图可知，当无量纲流速 $u<5.19$ 时，两跨输流直管的前三阶固有频率（复频率的实部），随着流体流速 u 的增加而逐渐减小，系统处于稳定阶段 [$\text{Re}\omega>0$ 或 $\text{Im}\omega=0$]；当无量纲流速 $u=5.19$ 时，第一阶模态的固有频率值 $\text{Re}\omega_1=0$，管道系统将会出现发散失稳 [$\text{Re}\omega=0$ 或 $\text{Im}\omega<0$]，即可定义临界流速 $u_{cr}=5.19$（相当于实际流速 $U=56.26\text{m/s}$）；当无量纲流速 $u>5.19$ 时，随着流体流速 u 的增加，第一阶与第二阶模态的频率曲线在 $u=9.11$（相当于实际流速 $U=98.75\text{m/s}$）处产生交汇，并重合在一起，说明此时管道系统出现耦合模态

振颤失稳［Reω>0 或 Imω<0］，如图 5-6（a）和图 5-6（b）所示；同时，管道系统的前三阶特征值轨迹随着流体流速 u 的增加，而呈现出关于 Imω=0 轴上下对称，如图 5-6（c）所示。结果表明，流速对两跨输流直管模型的固有频率有着较大的影响，且对应的临界流速明显高于第 2 章中简支-简支单跨输流直管的临界流速（$u_{s\text{-}s}$=3.14，相当于实际流速 U=34.04m/s）。

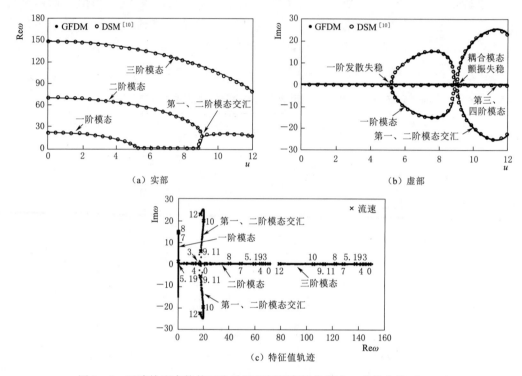

（a）实部　　　　　　　　　　　　　（b）虚部

（c）特征值轨迹

图 5-6　两跨输流直管前三阶无量纲复频率随着流速 u 变化曲线（Π=0）

图 5-7 给出了三种支撑（固支-固支、固支-简支、简支-简支）下两跨输流直管前两阶无量纲复频率实部与虚部随着无量纲流速 u 变化的演变曲线。由图 5-7 可知，临界流速 u_{cr} 因三种支撑下管道刚度的不同而不同，固支-固支临界流速（u_{cr}=7.39 且实际流速 U_{cr}=80.10m/s）最大，其次为固支-简支（u_{cr}=7.21 且实际流速 U_{cr}=78.15m/s），简支-简支（u_{cr}=5.19 且实际流速 U_{cr}=59.26m/s）最小；同时，其发生耦合颤振失稳所对应的流速也不同，即在固支-固支时发生耦合模态颤振失稳时对应的流速最大（u_{cf}=11.19 且实际流速 U_{cf}=121.29m/s），固支-简支（u_{cf}=10.89 且实际流速 U_{cf}=118.04m/s）时次之，而简支-简支（u_{cf}=9.11 且实际流速 U_{cf}=98.75m/s）时最小。因此在实际工程中，以固支-固支为边界条件的"非周期性"多跨输流直管的稳定性相对较高。

图 5-8 给出了三种支撑（固支-固支、固支-简支、简支-简支）下两跨输流直管第一阶无量纲复频率实部与虚部随着无量纲液体压力 Π 变化的演变曲线。由图 5-8 可见，固支-固支支撑下两跨输流直管的临界压力最大，即 Π_{cr}=54.6，相对于

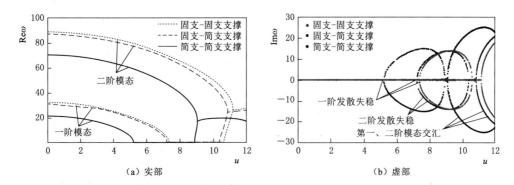

图 5-7 不同支撑两跨输流直管前两阶无量纲复频率随着流速 u 变化曲线（$\Pi=0$）

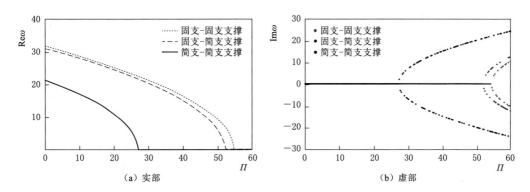

图 5-8 不同支撑两跨输流直管第一阶无量纲复频率随着流速 Π 变化曲线（$u=0$）

实际的液体压力为 6.42MPa；固支-简支次之，即 $\Pi_{cr}=52.2$，相对于实际的液体压力为 6.13MPa；简支-简支最小，即 $\Pi_{cr}=27.30$，相对于实际的液体压力为 3.21MPa。

5.3.2.2 三跨输流直管模型

本节考虑三跨（Three-span，T-S）输流直管模型，即管道中间有两个刚性支撑（铰支座），其边界条件为简支-简支，应用上述数值模型进行模拟输流直管的振动特性，本节均质管道材料采用钢[18]（Steel），其第一段长度 $L_1=2\text{m}$，第二段长度 $L_2=4\text{m}$，第三段长度 $L_3=2\text{m}$，因各跨的间距不同，也可称为"非周期性"三跨输流直管模型。下面探讨管内流体水力参数（流体流速 u 和液体压力 Π）对"非周期性"三跨输流直管模型稳定性的影响，计算模型参数可设置为：$N=1028$，$n_s=15$，$\alpha=0$，$\Gamma=0$，$\chi=0$，$\dot{u}=0$。其数值算例参数见表 5-5。

表 5-5　　　　　　　　　　三跨输流直管数值算例参数

材料类型	管道长度 /m	管道内径 /m	管道外径 /m	杨氏模量 /GPa	管道密度 /(kg/m³)	液体密度 /(kg/m³)	质量比
钢	8	0.0045	0.006	210	7800	1000	0.1415

表 5-6 给出了不同流速情况下"非周期性"三跨输流直管前三阶固有频率值。可见，应用 GFDM 法得到的数值结果，均与 FEM[11] 和 AHM[12] 的研究成果吻合良好。同时，当流体流速 $u=0$ 时，与两种不同数值模式的相对误差，最大为 0.06%，最小为 0.02%；当流体流速 $u\neq0$ 时，其相对误差最大为 0.78%，最小为 0.00%，充分说明了本数值模式在计算三跨输流直管模型时，同样具有相当高的精度。

表 5-6　　　　　　　　三跨输流直管随流速变化的前三阶固有频率对比值

流速 U/(m/s)	数值方法	ω_1	ω_2	ω_3	备注
$u=0$	FEM	61.68	157.92	199.87	—
	AHM	61.68	157.92	199.87	—
	GFDM	61.67	157.87	199.76	—
	相对误差/%	0.02	0.03	0.06	与 FEM
		0.02	0.03	0.06	与 AHM
$u=2.5$	FEM	59.29	154.76	197.16	—
	AHM	59.17	154.76	197.08	—
	GFDM	59.17	154.71	196.98	—
	相对误差/%	0.20	0.03	0.09	与 FEM
		0.00	0.03	0.05	与 AHM
$u=5$	FEM	51.40	144.84	188.79	—
	AHM	50.98	144.89	188.47	—
	GFDM	51.01	144.88	188.41	—
	相对误差/%	0.78	0.03	0.20	与 FEM
		0.06	0.01	0.03	与 AHM

图 5-9 给出了简-简支撑下单跨与三跨的输流直管模型在流速 $u=0$ 时，简化为梁模型的前四阶模态形状的演化曲线。由图 5-9 可知，随着无量纲长度 ξ 的增加，三跨梁模型在振动时的摆动频率比单跨梁模型快，而两者的一阶模态［图 5-9 (a)］和三阶模态［图 5-9 (c)］的形状均关于中点处对称，且二阶模态［图 5-9 (b)］和四阶模态［图 5-9 (d)］模态的形状则关于中点处反对称；同时，随着振型阶数的增加，两者（单跨、三跨）的振动周期均逐渐减小，且单跨梁出现振幅最大值时所对应的位置数量也随增加，而三跨梁模型在振动时，其一阶振幅最大位置出现在第二段，二、四阶振幅最大位置均出现在第一、二、三段，三阶振幅最大位置均出现在第一、三段。

图 5-10 计算得到在 $\Pi=0$ 情况下，流速的变化对三跨输流直管模型前三阶无量纲复频率的影响，且与 Deng 等采用 AHM 法[11] 得到的数值结果吻合良好。从图 5-10 中可看出，在流速变化（$0\leqslant u\leqslant2$）较小时，管内水流的流速对管道系统的固有频率（复频率的实部）影响很小，而随着流体流速 u 的增加（$u>2$），输流直管的振动频率开始大幅度减小，在流速 $u_{cr1}=8.98$（实际流速 $U_{cr1}=53.80\text{m/s}$）时，系统的一阶模态开始发散；在流速 $u_{cr2}=12.57$（实际流速 $U_{cr2}=75.30\text{m/s}$）时，二阶模态开

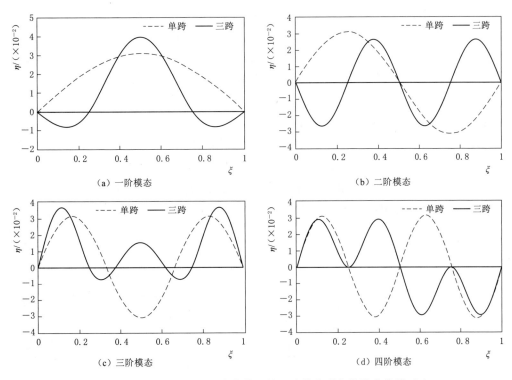

图 5-9 不同跨数的输流直管模型前四阶模态形状的演化曲线对比

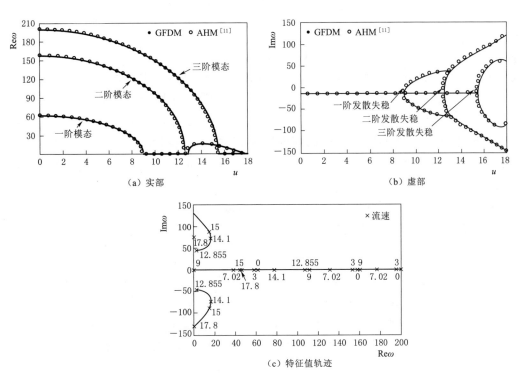

图 5-10 三跨输流直管前三阶无量纲复频率随着流速 u 变化曲线（$\Pi = 0$）

始发散；在流速 $u_{cr3}=15.45$（实际流速 $U_{cr3}=92.56\mathrm{m/s}$）时，三阶模态开始发散。结果表明，只有流体流速小于实际临界流速 $53.80\mathrm{m/s}$ 时，三跨输流直管模型在振动时才能保持稳定状态。

图 5-11 计算得到在 $u=0$ 情况，三跨输流直管前四阶复频率实部 $\mathrm{Re}\omega$ 和虚部 $\mathrm{Im}\omega$ 与无量纲液体压力 Π 的关系。可见，随着无量纲液体压力的增加，前四阶固有频率（复频率实部）依次减小至 0，管系各阶模态出现发散失稳时所对应的液体压力依次为 $\Pi_1=81$（实际液体压力 $P_1=2.91\mathrm{MPa}$），$\Pi_2=158$（实际液体压力 $P_2=5.67\mathrm{MPa}$），$\Pi_3=239$（实际液体压力 $P_3=8.58\mathrm{MPa}$），$\Pi_4=323$（实际液体压力 $P_4=11.60\mathrm{MPa}$），因此，只有实际液体压力小于临界压力 $2.91\mathrm{MPa}$ 时，三跨输流直管模型振动时才能保持稳定状态。

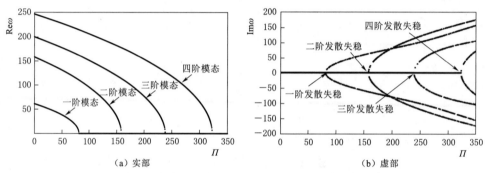

图 5-11　三跨输流直管前三阶无量纲复频率随着流速 Π 变化曲线（$u=0$）

5.3.2.3　七跨输流直管模型

本节考虑七跨（Seven-span，E-S）输流直管模型，即管道中间有六个刚性支撑（铰支座），其边界条件为简支-简支，应用上述数值模型进行模拟输流直管的振动特性，本节均质管道总长为 40m，第一、二、三段长度均相等，即 $L_1=L_2=L_3=4\mathrm{m}$，第四段长度 $L_4=16\mathrm{m}$，第五、六、七段长度均相等，即 $L_5=L_6=L_7=4\mathrm{m}$，因各跨的间距不同，也可称为"非周期性"七跨输流直管模型。计算模型参数可设置为：$N=1279$，$n_s=15$，$T=0$，$C_0=C_i=2\xi'\left(m_f+m_p\right)\omega_1$，$\xi'=0.02$。其数值算例参数见表 5-7。

表 5-7　　　　　　　　　　　七跨输流直管数值案例参数

管道长度/m	管道内径/mm	管道外径/mm	杨氏模量/GPa	管道密度/(kg/m³)	液体密度/(kg/m³)	质量比
40	337.60	355.60	200	7846.90	1000	0.5379

表 5-8 给出了七跨输流直管前五阶固有频率。可见，与 TMM[11]、AHM[12] 和 FEM[11] 这三种数值模式的研究成果进行对比，均吻合良好，当实际流体流速 $U=0$ 时，GFDM 法与其他三种不同数值模式之间的相对误差最大为 5.26%，最小为 0.01%；当实际流体流速 $U\neq0$ 时，其相对误差最大为 1.99%，最小为 0.00%，充分说明了本数值模式在计算七跨输流直管模型时，也具有相当高的精度，如表 5-8 所

示。为了进一步说明所用数值模式的准确性，将七跨输流直管模型在流速 $U=0$ 时所对应的前五阶模态的形状绘于图 5-12 中，由图可知，GFDM 法计算得到的结果更接近 TMM 法，且略高于 AHM 法，表明了本节提出的数值模式在计算七跨输流直管模型时具有良好的准确性。

表 5-8　　　　　　　　　七跨输流直管随流速变化的前五阶固有频率

流速	数值方法	ω_1	ω_2	ω_3	ω_4	ω_5	备注
$U=0$	TMM	29.87	84.62	167.52	259.28	273.98	—
	AHM	29.87	84.62	167.58	259.50	274.17	—
	FEM	29.87	84.62	167.58	259.50	274.17	—
	GFDM	28.30	84.08	167.31	259.31	273.95	—
	相对误差/%	5.26	0.64	0.13	0.01	0.01	与 TMM
		5.26	0.64	0.16	0.07	0.08	与 AHM
		5.26	0.64	0.16	0.07	0.08	与 FEM
$U=10$	TMM	29.38	84.38	167.38	259.19	273.89	—
	AHM	29.82	84.57	167.53	259.44	274.10	—
	FEM	29.83	84.57	167.52	259.44	274.11	—
	GFDM	29.83	84.57	167.52	259.42	274.05	—
	相对误差/%	1.50	0.23	0.08	0.09	0.06	与 TMM
		0.03	0.00	0.01	0.01	0.02	与 AHM
		0.00	0.00	0.00	0.01	0.02	与 FEM
$U=15$	TMM	29.21	83.84	167.06	259.04	273.76	—
	AHM	29.76	84.51	167.46	259.34	274.02	—
	FEM	29.79	84.50	167.45	259.36	274.04	—
	GFDM	29.79	84.50	167.45	259.34	273.98	—
	相对误差/%	1.99	0.79	0.23	0.12	0.08	与 TMM
		0.10	0.01	0.01	0.00	0.01	与 AHM
		0.00	0.00	0.00	0.01	0.02	与 FEM

图 5-13 计算得到在 $p=0$ 情况，七跨输流直管前四阶复频率的实部 $\text{Re}\omega$ 和虚部 $\text{Im}\omega$ 与流速 U 的关系。由图可见，在实际流体流速（$0 \leqslant U \leqslant 40\text{m/s}$）较小时，其变化对管系振动频率的影响较小，随着实际流体流速（$40\text{m/s} < U \leqslant 160\text{m/s}$）的增加，管系的振动频率随之减小，说明管内流体的流动对管道的刚度具有削弱作用；而流速的变化（$U > 160\text{m/s}$）对一阶固有频率的影响比对第二、三、四阶的影响更为显著，并在流速 $U=196\text{m/s}$（对应的无量纲流速 $u=13.67$）时，一阶固有频率 $\text{Re}\omega_1=0$，意味着流体流速若超过 196m/s，则管道系统将存在屈曲失稳问题。对比 4.3 节、5.3.2.1 节和 5.3.2.2 节中单跨、两跨和三跨模型所对应的临界流速，可知七跨（$u_{\text{E-S}}=13.67$）＞三跨（$u_{\text{T-S}}=8.98$）＞两跨（$u_{\text{W-S}}=5.19$）＞单跨（$u_{\text{S-S}}=3.14$），说明管系的临界流速会随着跨数的增加而增加。

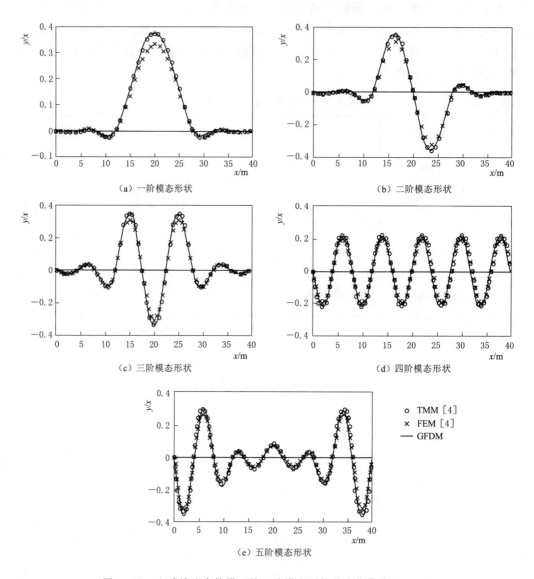

图 5-12　七跨输流直管模型前五阶模态形状的演化曲线（$u=0$）

　　图 5-14 计算得到在 $U=0$ 情况，七跨输流直管前四阶复频率的实部 $\text{Re}\omega$ 和虚部 $\text{Im}\omega$ 与液体压力 $P=pA$ 的关系。由图可见，前四阶固有频率均随着液体压力的增加而减小，且前两阶降低速率快于后两阶，当压力增至 $P_1=3.50\times10^2\,\text{MPa}$（对应的无量纲液体压力 $\varPi_1=9.75\times10^3$）和 $P_2=7.28\times10^2\,\text{MPa}$（对应的无量纲液体压力 $\varPi_2=2.03\times10^4$）时，系统第一阶、二阶模态出现发散失稳。对比 4.3 节、5.3.2.1 节和 5.3.2.2 节中单跨、两跨和三跨模型所对应的临界压力，可知七跨（$\varPi_{\text{E-S}}=9.75\times10^3$）＞三跨（$\varPi_{\text{T-S}}=81$）＞两跨（$\varPi_{\text{W-S}}=27.30$）＞单跨（$\varPi_{\text{S-S}}=9.9$），说明管系的临界液体压力会随着跨数的增加而增加。

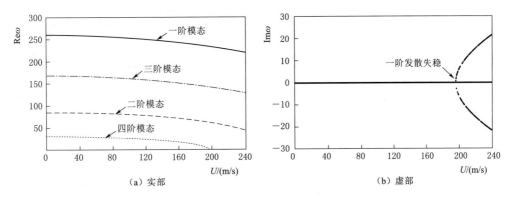

图 5-13　实际流速对七跨输流直管前四阶固有频率的影响（$p=0$）

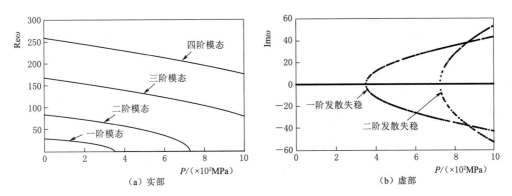

图 5-14　液体压力对七跨输流直管前四阶固有频率的影响（$U=0$）

5.4　跨数的变化对输流直管振动特性的影响

当多跨管道在输流过程中，系统的振动特性会因中间支撑数目的变化而发生改变。因此，本节针对具有不同中间支撑数目的输流直管进行模拟，研究其对多跨管道振动特性的影响。计算模型参数可设置为：$N=2051$，$n_s=15$，$p=0$，$T=0$，$C_0=C_i=0$。

考虑管道总长度不变情况下，边界条件为两端简支，随着中间支撑数目的增加，其跨数也会随之不断增加，但各跨之间的长度均匀减小。表 5-9 计算了不同跨数下输流直管前四阶固有频率的变化。可见，随着跨数的增加，输流直管各阶固有频率均随之增加，且各阶固有频率均会随着阶数的增加而相应增加，但各阶最大位移却随着跨数的增加而减小。因此，在管道总长度不变时，应该根据振动情况来考虑增加中间支撑的数目。

图 5-15 计算得到跨数的增加对输流直管一阶模态固有频率的影响。从图可见，在实际水流流速 U 增加的同时，简支-简支边界条件下多跨输流直管的固有频率 $\mathrm{Re}\omega$ 随之降低，而随着跨数 k 的增加，固有频率 $\mathrm{Re}\omega$ 随之增加；同时，临界流速 U_{cr} 也随着跨数 k 的增加而增大，如图 5-16 所示。结果表明，当多跨管道内的水流以恒定流速流动时，跨数的变化会对管道产生一定的影响。

表 5 - 9　　　　　不同跨数下输流直管的前四阶固有频率和最大变形幅值的变化

跨数	ω_1	ω_2	ω_3	ω_4	η_{1max}	η_{2max}	η_{3max}	η_{4max}
单跨	9.86	39.46	88.76	157.80	1.11	1.12	1.12	1.12
双跨	39.44	61.61	157.75	199.64	1.10	1.11	1.10	1.18
三跨	88.77	113.73	166.14	355.03	0.90	1.12	1.09	1.14
四跨	157.83	184.08	246.56	318.65	0.78	1.09	1.02	1.10
五跨	246.64	273.56	342.14	431.01	0.70	0.94	1.00	0.98
六跨	355.18	382.49	455.11	554.84	0.68	0.89	0.96	0.97
七跨	483.47	511.01	586.42	694.04	0.59	0.81	0.84	0.83
八跨	631.49	659.18	736.59	850.18	0.55	0.77	0.74	0.78
九跨	799.25	827.04	905.91	1024.14	0.50	0.72	0.73	0.74
十跨	986.75	1014.61	1094.58	1216.46	0.49	0.69	0.67	0.69

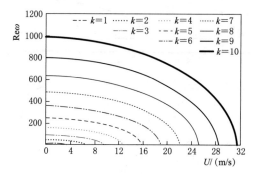

图 5 - 15　一阶固有频率随流体流速 U 和
跨数 k 的变化

图 5 - 16　不同跨数所对应的临界流速 U_{cr}
随跨数 k 的变化

读者可阅读文献 [17]，以对本章有更为深刻的理解。

参　考　文　献

[1]　SINGH K，MALLIK A K. Wave propagation and vibration response of a periodically supported pipe conveying fluid [J]. Journal of Sound and Vibration，1977，54 (1)：55 - 66.

[2]　KOO G H，PARK Y S. Vibration reduction by using periodic supports in a piping system [J]. Journal of Sound and Vibration，1998，210 (1)：53 - 68.

[3]　MEAD D J，MARKUS S. Coupled flexural-longitudinal wave motion in a periodic beam [J]. Journal of Sound and Vibration，1983，90 (1)：1 - 24.

[4]　WU J S.，Shih P Y. The dynamic analysis of a multispan fluid-conveying pipe subjected to external load [J]. Journal of Sound & Vibration，2001，239 (2)：201 - 215.

[5]　LIN H P，CHANG S C. Free vibration analysis of multi-span beams with intermediate flexible constraints [J]. Journal of Sound and Vibration，2005，281 (1 - 2)：155 - 169.

[6]　LI B，GAO H，ZHAI H，et al. Free vibration analysis of multi-span pipe conveying fluid with dynamic stiffness method [J]. Nuclear Engineering and Design，2011，241 (3)：666 - 671.

［7］ LI B H，GAO H，LIU Y，et al. Transient response analysis of multi-span pipe conveying fluid [J]. Journal of Vibration and Control，2013，19 (14)：2164 – 2176.

［8］ 黄锦涛. 多跨输流管道的稳定性分析 [D]. 武汉：华中科技大学，2011.

［9］ WU J S，LO S C，CHAO R M. Dynamic stability and free vibration of multi-span fluid-conveying pipes [J]. International Journal of Materials Engineering & Technology，2015，14 (1)：1 – 43.

［10］ DENG J，LIU Y，ZHANG Z，et al. Dynamic behaviors of multi-span viscoelastic functionally graded material pipe conveying fluid [J]. Proceedings of the Institution of Mechanical Engineers Part C Journal of Mechanical Engineering Science，2016，231 (17)：3181 – 3192.

［11］ DENG J，LIU Y，ZHANG Z，et al. Stability analysis of multi-span viscoelastic functionally graded material pipes conveying fluid using a hybrid method [J]. European Journal of Mechanics – A/Solids，2017，65：257 – 270.

［12］ LIU M，WANG Z，ZHOU Z，et al. Vibration response of multi-span fluid-conveying pipe with multiple accessories under complex boundary conditions [J]. European Journal of Mechanics – A/Solids，2018，72：41 – 56.

［13］ LI B，GAO H，ZHAI H，et al. Free vibration analysis of multi-span pipe conveying fluid with dynamic stiffness method [J]. Nuclear Engineering and Design，2011，241 (3)：666 – 671.

［14］ GORMAN D J . Free lateral vibration analysis of double-span uniform beams [J]. International Journal of Mechanical Sciences，1974，16 (6)：345 – 351.

［15］ NEMAT-Alla M . Reduction of thermal stresses by developing two-dimensional functionally graded materials [J]. International Journal of Solids and Structures，2003，40 (26)：7339 – 7356.

［16］ ALSHORBAGY A E，ELTAHER M A，MAHMOUD F F. Free vibration characteristics of a functionally graded beam by finite element method [J]. Applied Mathematical Modelling，2011，35 (1)：412 – 425.

［17］ 胡燕. 内激励作用下多跨输流管道耦合振动特性研究 [D]. 福州：福州大学，2019.

第 6 章　GFDM 在缓坡方程中的应用

近岸波浪分布基本均是由多种波浪传播变形综合的结果，因此很难对其准确描述。波浪理论的日渐成熟以及计算机技术的快速发展，利用数学模型研究近岸波浪运动已成为非常重要的研究手段。根据基本方程式架构的差异，可将求解波浪的运动的数值方法分成四种：缓坡方程式（Mild-Slope Equation，MSE）、布斯尼斯克方程式（Boussinesq Equation，BE）、拉普拉斯方程式（Laplace Equation）和纳维尔-斯托克斯方程式（Navier-Stokes Equation，NSE）。其中 Laplace 方程式主要可应用于三维势流波浪变形的求解，对波浪局部变形的描述存在一定优势。斯托克斯方程考虑了流体黏滞性，能反映真实流体的波动特性，适用于三维非线性波浪的研究。布斯尼斯克方程考虑势流与波浪非线性效应，适用于二维平面流场。这三类方程计算过程较为复杂，对计算机容量要求较高且计算时间长，对于较大范围海域的波浪变形计算存在一定困难。

缓坡方程考虑势流与线性波，将三维问题简化为二维问题，与斯托克斯方程和布斯尼斯克方程相比，其适应更宽波浪频率，计算容量与时间较为经济，可以适用于缓坡海域较大的计算区域。由于缓坡方程可以描述波浪折射绕射联合现象，而且对其进行改进后可以考虑摩擦、波破碎及非线性等各方面因素的影响，使得缓坡方程在工程中的应用非常广泛。

6.1　原始缓坡方程

缓坡方程将三维问题简化为二维问题，能描述波浪折射绕射联合现象，具有适用频率宽、计算范围广等优点，被广泛应用于近海岸波浪运动研究，但由于其方程类型为椭圆型，导致其直接求解速度慢。许多学者针对缓坡方程的缺陷提出了数值计算方法以寻求高效的求解途径。本章利用广义有限差分法求解原始缓坡方程，模拟抛物形潜堤、抛物形潜堤与圆柱体组合、缓坡与椭圆形潜堤组合以及防波堤与缓坡组合等不同地形搭配不同边界条件下折射绕射联合的波浪变形现象并作分析，验证广义有限差分法处理波浪折射绕射联合问题的可行性、准确性以及稳定性，通过改变控制方程的线性与非线性性质，对比分析非线性项对波浪模拟的影响，验证研究方法对非线性波浪描述的可行性；此外，通过改变数值方法中参数设置，验证广义有限差分法的稳定性和收敛性。

6.1.1　控制方程及边界条件

图 6-1 为本章所模拟四个数值案例的简化示意图，将笛卡儿坐标系的 (x,y) 平面

设置于水平面上。波浪通过底部构造物及不同边界条件时将发生多种变形叠加的现象。

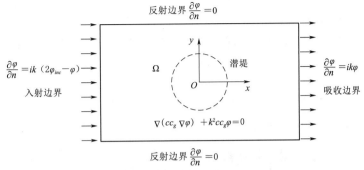

图 6-1 不同模型简化示意图

为描述波浪折射绕射联合现象，选用缓坡方程作为控制方程：

$$\nabla \cdot (cc_g \, \nabla \varphi) + k^2 cc_g \varphi = 0 \qquad (6-1)$$

$$H = \frac{2\omega}{g} \sqrt{\varphi_1^2 + \varphi_2^2} \qquad (6-2)$$

式中：$\nabla = (\partial x, \partial y)$ 为水平梯度因子；$c = \omega/k$ 和 $c_g = n'\omega/k$ 分别为波浪的相速度和群速度；ω 为波浪角频率；$n' = 0.5(1 + 2kh/\sinh 2kh)$ 为浅化因子，$h = h(x, y)$ 为静水深度；$\varphi = \varphi_1 + \mathrm{i}\varphi_2$ 为二维平面波速势的复数表达式，其中 $\mathrm{i} = \sqrt{-1}$，φ_1 和 φ_2 分别为波速势的实部与虚部；g 为重力加速度；H 为波高；$k = k(x, y)$ 为波数，并且满足下列分散关系式：

$$\omega^2 = gk \tanh(kh) \qquad (6-3)$$

由于原始缓坡方程是基于线性波浪理论的条件进行推导，故而其应用受到相应限制，为了在处理大部分实际问题时有更高的精确度，有学者[1] 将以上分散关系式进行了改进。主要通过加入非线性影响以改进波浪相速度和群速度，改进后的分散关系式可写为

$$\omega^2 = gk [1 + (ka)^2 F_1 \tanh^5(kh)] \tanh[kh + (ka)F_2] \qquad (6-4)$$

式中：$a = H/2$ 为振幅；F_1 和 F_2 表达式分别为

$$F_1 = \frac{\cosh(4kh) + 8 - 2\tanh^2(kh)}{8\sinh^4(kh)}, F_2 = \left[\frac{kh}{\sinh(kh)}\right]^4 \qquad (6-5)$$

对原始缓坡方程的非线性化是一个迭代过程：首先用原始缓坡方程配合边界条件求出振幅 a，然后将 a 代入非线性分散关系式（6-4）中通过牛顿迭代法求出非线性影响下的波数 k，再将该 k 值代入缓坡方程式（6-1）中求出一个新的振幅值 a_1，继而由非线性分散关系式（6-4）求出新的波数 k_1，循环以上步骤，将每一次得到的 k_1 值与前一轮作对比，直到相邻两个 k_1 值之间的差值接近于零时所得到的振幅便是非线性影响下所求得的结果。

图 6-1 给出了不同边界条件的数值表达式。在本章的四个案例中，边界条件主要为波浪入射边界条件，固体边界条件和吸收边界条件。波浪入射边界条件可表示为

$$\frac{\partial \varphi}{\partial n} = ik\left(2\varphi_{inc} - \varphi\right) \tag{6-6}$$

式中：n 为边界法向量方向。

而对于固体边界、吸收边界和部分吸收边界可以由下列方程式控制：

$$\frac{\partial}{\partial n} = ik\alpha \tag{6-7}$$

式中：$\alpha = 0$ 为固体边界条件；$\alpha = 1$ 为吸收边界条件；α 介于 0 和 1 之间时，为部分吸收边界条件，其吸收程度由 α 的大小决定。

6.1.2　利用 GFDM 求解过程

由于本章四个数值案例的边界条件各不相同，所以本节将参考模型简化示意图 6-1，将应用广义有限差分法求解原始缓坡方程的过程叙述如下。在计算区域内随机布置 N 个点，其中内部点数为 n_i，左侧入射边界、右侧吸收边界、上侧和下侧固体边界上的点数分别为 n_{b1}，n_{b2}，n_{b3} 和 n_{b4}。已知计算区域内全部点的坐标，通过广义有限差分法的离散过程将每一个点上的偏微分项表示成权重值线性累加。将控制方程式（6-1）写成：

$$\frac{\partial(cc_g)}{\partial x}\frac{\partial \varphi}{\partial x} + \frac{\partial(cc_g)}{\partial y}\frac{\partial \varphi}{\partial y} + cc_g\left(\frac{\partial^2 \varphi}{\partial x^2} + \frac{\partial^2 \varphi}{\partial y^2}\right) + k^2 cc_g\varphi = 0 \tag{6-8}$$

使所有内部点满足控制方程式（6-8），可生成下列线性代数方程：

$$\left[w_0^{x,i}(cc_g)_i + \sum_{j=1}^{n_s} w_j^{x,i}(cc_g)_j^i\right]\left(w_0^{x,i}\varphi_i + \sum_{j=1}^{n_s} w_j^{x,i}\varphi_j^i\right) +$$

$$\left[w_0^{y,i}(cc_g)_i + \sum_{j=1}^{n_s} w_j^{y,i}(cc_g)_j^i\right]\left(w_0^{y,i}\varphi_i + \sum_{j=1}^{n_s} w_j^{y,i}\varphi_j^i\right) +$$

$$cc_g\left(w_0^{xx,i}\varphi_i + \sum_{j=1}^{n_s} w_j^{xx,i}\varphi_j^i + w_0^{yy,i}\varphi_i + \sum_{j=1}^{n_s} w_j^{yy,i}\varphi_j^i\right) +$$

$$k^2 cc_g\varphi = 0 \quad i = 1,2,3,\cdots,n_i \tag{6-9}$$

使所有边界点都满足对应的边界条件，可生成下列线性代数方程组：

$$\frac{\partial \varphi}{\partial y}\bigg|_i = w_0^{y,i}\varphi_i + \sum_{j=1}^{n_s} w_j^{y,i}\varphi_j^i = ik\left(2\varphi_{inc} - \varphi\right)$$

$$i = n_i + 1, n_i + 2, n_i + 3, \cdots, n_i + n_{b1} \tag{6-10}$$

$$\frac{\partial \varphi}{\partial x}\bigg|_i = w_0^{x,i}\varphi_i + \sum_{j=1}^{n_s} w_j^{x,i}\varphi_j^i = 0$$

$$i = n_i + n_{b1} + 1, n_i + n_{b1} + 2, n_i + n_{b1} + 3, \cdots, n_i + n_{b1} + n_{b2} \tag{6-11}$$

$$\frac{\partial \varphi}{\partial y}\bigg|_i = w_0^{y,i}\varphi_i + \sum_{j=1}^{n_s} w_j^{y,i}\varphi_j^i = ik\varphi$$

$$i = n_i + n_{b1} + n_{b2} + 1, n_i + n_{b1} + n_{b2} + 2, \cdots, n_i + n_{b1} + n_{b2} + n_{b3} \tag{6-12}$$

$$-\frac{\partial \varphi}{\partial x}\bigg|_i = w_0^{x,i}\varphi_i + \sum_{j=1}^{n_s} w_j^{x,i}\varphi_j^i = 0$$

$$i = n_i + n_{b1} + n_{b2} + n_{b3} + 1, n_i + n_{b1} + n_{b2} + n_{b3} + 2, \cdots, N \tag{6-13}$$

式中：N 为整个计算区域上所布的总点数。

最后，将式（6-9）～式（6-13）组合成一个新的线性代数方程组：

$$[E]_{N \times N} \{\varphi\}_{N \times 1} = \{g\}_{N \times 1} \qquad (6-14)$$

式中：$[E]$ 为稀疏矩阵；$\{g\}$ 为控制方程与边界条件的非齐次项。

该方程组的解便是每点上的物理量 $\varphi_i^{n+1} i = 1, 2, 3, \cdots, N$ 。

6.1.3 工程案例

6.1.3.1 抛物形潜堤模型

在近海岸工程中，海底构造物对波浪变形有很大的影响，如人工潜堤消波构造物，海底礁石等。Berkhoff 等[2] 在提出缓坡方程的时候列举了多个案例进行计算验证，如图 6-2 所示的抛物形潜堤地形便是其中一个经典模型。在此之后有诸多学者对该案例进行了物理模型实验测量、数值模拟和解析计算分析[3-6]。本节利用广义有限差分法对该案例进行模拟，并与前人研究结果对比，以验证广义有限差分法应用于缓坡方程的可行性和准确性。另外通过对比不同总点数对应的模拟结果，验证广义有限差分法的稳定性。

在该案例中，一列周期 $T = 720\text{s}$ ，波高 $H_0 = 0.12\text{m}$ 的水平长波自左侧入射，沿着 x 正方向进入计算区域内，其他三个边均为吸收边界条件以模拟无限远的海域。计算区域内的水深 h 为

$$h = \begin{cases} h_m (1 + \beta r^2), & r \leqslant R \\ h_0, & r > R \end{cases} \qquad (6-15)$$

式中：各参数的定义如图 6-2 所示，其中 $h_m = 50\text{m}$ ，$h_d = 4\text{km}$ ，$R = 3.3\text{km}$ ；r 为计算点到潜堤中轴线的水平距离；取入射波波长 $\lambda_0 = 4.32R$ ；$\beta = (h_0 - h_m)/h_m$ 。

取本研究结果与其他数值、实验及解析解的结果在 x 方向轴线断面的相对波高进行对比如图 6-3 所示，从图中可看出各结果相当接近，尤其在最大值处，广义有限差分法的结果与解析结果基本重合。说明该案例对广义有限差分法的验证取得了良好的结果。

此外，为验证广义有限差分法的稳定性，在计算区域内分别设置 14641、40401 和 160801 三组不同的总点数进行数值模拟，其模拟结果沿 x 方向中轴断面上相对波高对比如图 6-4 所示。从图中可以看出三组结果基本一致，证明了广义有限差分法的稳定性。

图 6-5 给出了波浪通过潜堤并达到稳定时的三维视图，从图中可以看出，波浪在通过潜堤上方时，由于受到潜堤的影响

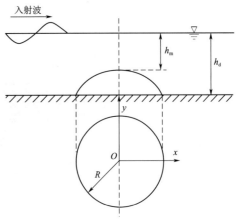

图 6-2 长波通过抛物形潜堤示意图

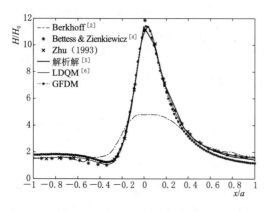

图 6 - 3　沿 x 方向中轴断面相对
波高对比图

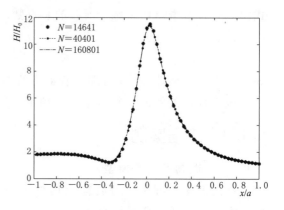

图 6 - 4　不同总点数下沿 x 方向中轴断面
相对波高对比图

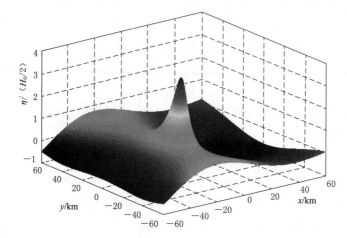

（a）自由表面位移

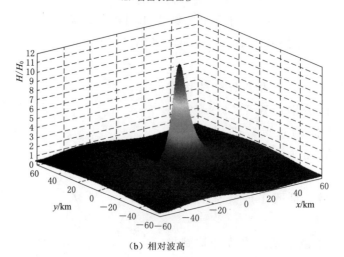

（b）相对波高

图 6 - 5　长波通过抛物形潜堤的三维视图

发生折射和绕射现象，在向潜堤中心传播时，水深变浅引起波浪振幅增大，在潜堤背面是波浪折射和绕射发生后两种现象叠加最明显的区域，同时该图也很好地反映出在应用广义有限差分法求解缓坡方程进行对该数值模型进行模拟时，能对整个计算区域内的自由表面位移和相对波高进行连续且精确地描述。

6.1.3.2 抛物形潜堤与圆柱体组合模型

典型的海洋工程结构多为圆柱形，Homma[7] 设计了一个经典数值模型，将圆柱体安置在抛物形潜堤上，模拟波浪经过该组合构造物时的折射绕射联合现象，并对波浪在圆柱上的爬高进行计算分析。为了验证广义有限差分法对于复杂边界的适用性，本节对 Homma 模型进行模拟研究。

在 Homma 模型中，圆柱体和潜堤组成的障碍物被无穷远的海域包围，除障碍物以外的范围均为恒定水深，如图 6-6 所示。整个计算区域内的水深 h 计算为

$$h=\begin{cases} \dfrac{h_b}{b^2}\times r^2, & a \leqslant r \leqslant b \\ h_b, & r > b \end{cases} \tag{6-16}$$

式中：r 为计算点与圆柱体轴线之间的水平距离；其他参数定义如图 6-6 所示，其中 $a=10\text{km}$；$b=30\text{km}$；$h_b=4\text{km}$；$h_a=h_b/9$。

在本节中，考虑 T 为 1440s、720s、480s、410s、240s、120s、90s、60s 等不同周期的入射波浪，并将波浪绕圆柱半周的相对波浪爬高值与前人研究结果进行对比。如图 6-7 所示，波浪周期为 1440s（$k_a h_a=0.0294$，$k_b h_b=0.0883$）、720s（$k_a h_a=0.0599$，$k_b h_b=0.1772$）、480s（$k_a h_a=0.0883$，$k_b h_b=0.2676$）和 410s（$k_a h_a=0.1034$，$k_b h_b=0.3146$）属于长波范围。由图 6-7（a）和图 6-7（b）可知，这四种周期的入射波

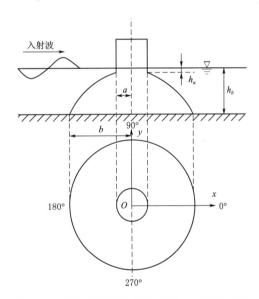

图 6-6 抛物形潜堤与圆柱体组合地形示意图

下，本研究的结果与其他解析解或数值结果都非常一致，但在周期为 480s 和 410s 时，100°到 180°之间，Homma[7] 利用解析算法求解长波方程的结果较其他数值结果稍微偏大。另外，如图 6-7（c）所示，周期为 240s（$k_a h_a=0.1772$，$k_b h_b=0.5549$）时已到中长波范围，Homma 的解析结果与其他三组一致的结果出现了很明显的差别。

当波浪周期减少到 120s（$k_a h_a=0.3601$，$k_b h_b=1.2990$）时，本研究的结果与另外四组结果[8-11] 进行对比如图 6-7（d）所示，从图中可看出，除了其中两组结果[8-9] 在个别峰值位置有少许差别，各组结果之间几乎无异。图 6-7（e）展示了本

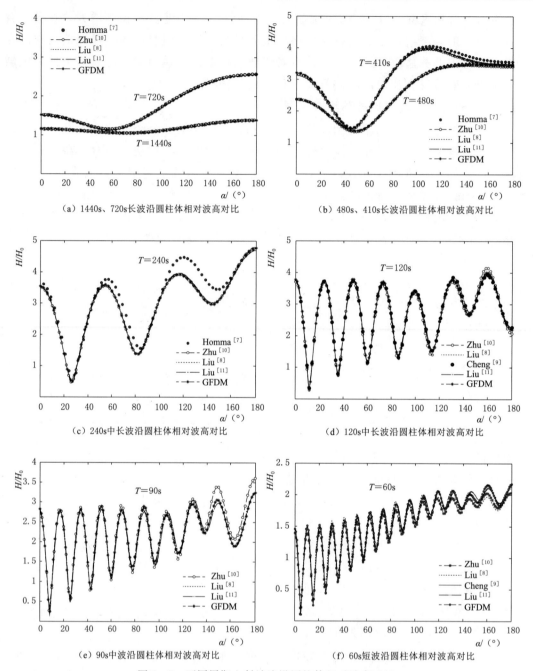

（a）1440s、720s长波沿圆柱体相对波高对比　　　（b）480s、410s长波沿圆柱体相对波高对比

（c）240s中长波沿圆柱体相对波高对比　　　（d）120s中长波沿圆柱体相对波高对比

（e）90s中波沿圆柱体相对波高对比　　　（f）60s短波沿圆柱体相对波高对比

图 6-7　不同周期入射波浪沿圆柱体相对波高对比

研究对入射波周期为 90s（$k_a h_a = 0.4882$，$k_b h_b = 2.0555$）时的计算结果与前人两组解析解[8-9]和一组数值结果[10]的对比，可以看出本研究的结果与解析解和其他数值结果均吻合良好。

正如 Liu 等[8]所表述，对于大部分数值方法而言，需要满足短波计算中的精度要求则需要耗费大量的电脑资源。而入射波周期为 60s 时则比以上计算都要复杂，因

为此时 $k_a h_a = 0.7693$，$k_b h_b = 4.4772$，这意味着对于图 6-6 中水深为 h_a 处，波浪属于中长波，而对于水深为 h_b 的区域，波浪属于短波。很明显这对于大部分数值方法而言都是具有挑战的。尽管如此，依然有一些学者对它进行了研究。图 6-7（f）给出了本研究以及其他研究的结果对比，从图中可以看出除了 Liu[8] 有一些差别外，其他结果都是相当吻合的。尤其是广义有限差分法对缓坡方程的模拟与两组解析解[9,11] 非常一致，值得一提的是在该情形下，这是首次数值结果同时与两组解析解的结果吻合得如此之好。

图 6-8 和图 6-9 分别给出了本研究模拟出波浪通过 Homma 模型时的三维视图和等值线图。结合两组图可以清楚地看出，波浪经过抛物形潜堤与圆柱体组合模型时，在计算区域内形成完全对称的波动现象。在圆柱体四周出现明显的波浪集中，这是由于波浪在遇到圆柱体时发生绕柱的原因。在圆柱体前端，由于来向波浪的作用，使得波浪集中区域较为狭窄，但是在圆柱体后部，波浪遇到圆柱体发生绕射并在圆柱体后方集中，出现较长的波浪集中区域。在集中区域后的地方，由于受到圆柱体的阻挡，波浪出现分散，波高下降的现象。充分反映了波浪以经过抛物形潜堤与圆柱体组合模型时所发生的折射绕射联合现象。

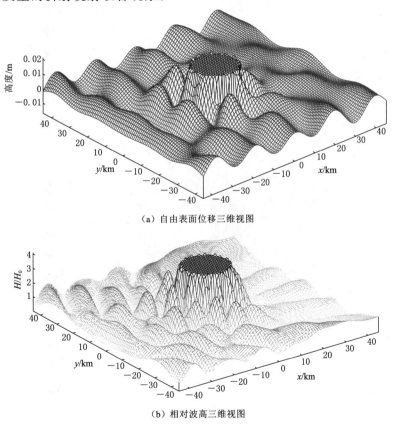

（a）自由表面位移三维视图

（b）相对波高三维视图

图 6-8　广义有限差分法模拟 Homma 模型的三维视图

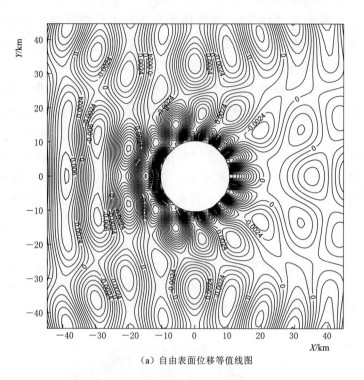

（a）自由表面位移等值线图

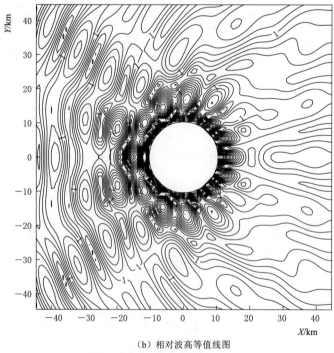

（b）相对波高等值线图

图 6-9　广义有限差分法模拟 Homma 模型的等值线图

6.1.3.3 缓坡与椭圆形潜堤组合模型

本节对 Berkhoff 等[2] 所提出研究波浪折射绕射联合的案例——波浪通过缓坡与椭圆形潜堤组合地形的实验及数值模型进行了相关研究。该研究波浪折射绕射的模型颇为经典，迄今为止已被很多学者[2,6,12-14] 引用以验证其数值算法或理论推导。本研究再次利用该模型验证广义有限差分法在缓坡方程中的应用，并考虑非线性影响。模型参数设置如图 6-4 所示，水平坐标原点位于椭圆形潜堤中心，潜堤位于坡度为 2% 的缓坡上。左侧入射边界位于 $y=-10\mathrm{m}$ 处，其入射波振幅 $a_0=0.0232\mathrm{m}$，周期 $T=1\mathrm{s}$，波浪传播经过计算区域后到达 $y=12\mathrm{m}$ 的吸收边界，其余上下两边 $x=-10\mathrm{m}$ 和 $x=10\mathrm{m}$ 处均为全反射边界。

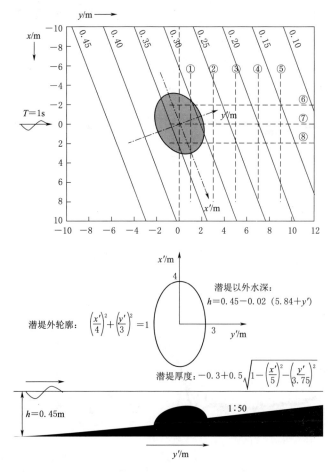

图 6-10 缓坡与椭圆形潜堤组合模型示意图

在确定椭圆形潜堤所在范围时，引用了另一组相对坐标 (x',y')，其与计算坐标 (x,y) 之间的关系如下：

$$x' = (x-x_0)\cos20° + (y-y_0)\sin20°$$
$$y' = (y-y_0)\cos20° - (x-x_0)\sin20°$$

$$(6-17)$$

则椭圆形潜堤的位置可表示为

$$\left(\frac{x'}{4}\right)^2 + \left(\frac{y'}{3}\right)^2 < 1 \tag{6-18}$$

在潜堤位置以外区域及潜堤上的水深可分别表示为

$$\begin{cases} h_s = 0.45 - 0.02(5.84 + y'), y' \geqslant -5.84\text{m} \\ h_s = 0.45, y' < -5.84\text{m} \end{cases} \tag{6-19}$$

$$h = h_s + 0.3 - 0.5\sqrt{1 - \left(\frac{x'}{5}\right)^2 - \left(\frac{y'}{3.75}\right)^2} \tag{6-20}$$

将本研究对线性及非线性的数值模拟结果与其他结果进行比较，包括 Berkhoff 等[2] 的实验数据和有限元法数值解，Panchang 等[12] 的有限差分法数值解以及 Hamidi 等[6] 的局部微分积分法数值解。其中线性与非线性结果分别如图 6-11 和图 6-12 所示。

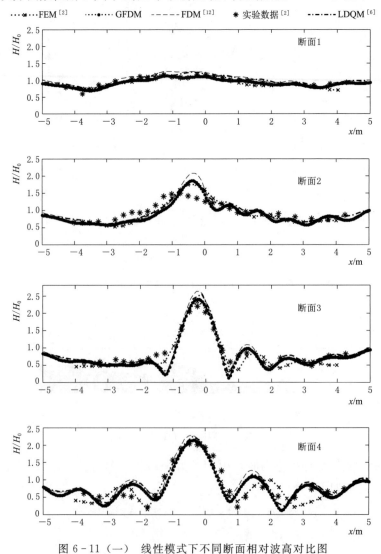

图 6-11（一）　线性模式下不同断面相对波高对比图

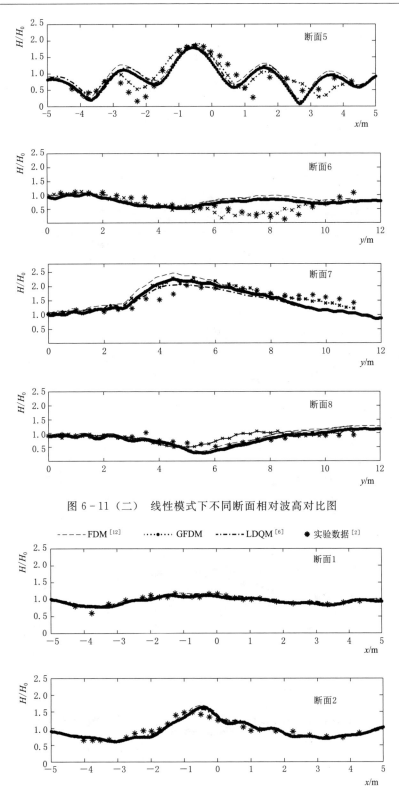

图 6-11（二） 线性模式下不同断面相对波高对比图

图 6-12（一） 非线性模式下不同断面相对波高对比图

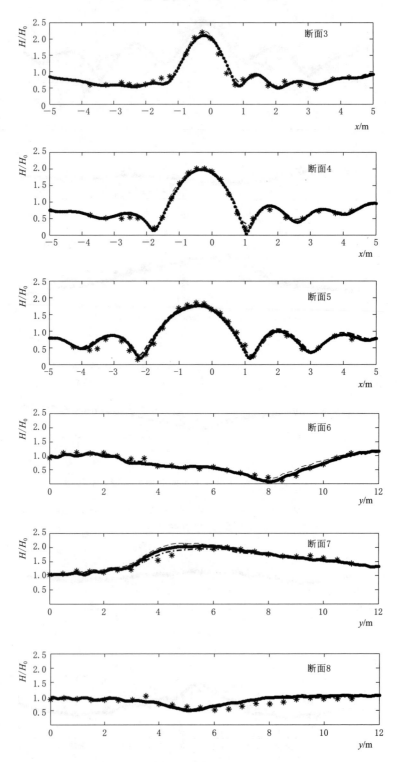

图 6-12（二） 非线性模式下不同断面相对波高对比图

从图 6 - 11 中可以看出，广义有限差分法模拟的数值结果在各个断面上与实验数据吻合都非常好，虽然有几个断面中的峰值和谷值有一些差别，但可以看出在这些部位，其他数值方法与实验数据之间均存在差异，而从图 6 - 12 中可以看出，在考虑非线性影响的条件下，这种差异变得非常小，而且在其他部位数值结果与实验数据之间的一致性也提高很多。该案例充分验证了广义有限差分法能应用于波浪折射绕射的模拟，且具有相当高的准确度。

图 6 - 13 给出了该数值模型在线性模式下的三维视图。该图清晰地反映出波浪在通过缓坡与椭圆形潜堤组合地形时的波浪变形现象。

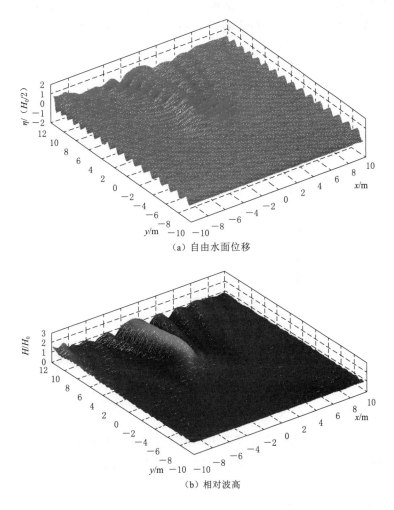

（a）自由水面位移

（b）相对波高

图 6 - 13　线性模式下椭圆形潜堤模型三维视图

6.1.3.4　缓坡与防波堤组合模型

本节模拟波浪通过防波堤口门，随后经过一坡度为 2% 的缓坡的情况下，所发生的折射绕射联合现象。这一模型由 Wu 等[15] 在 1994 年所提出，并给出了物理模型实验数据。图 6-14 给出了该模型的示意图及相关参数，模型尺寸为 24m×11m。根据前人研究，实验结果的呈现以图 6-14 中给出 4 个断面的相对波高为主。

如图 6-14 所示，波浪从外海区域由防波堤间口门进入均匀变化缓坡地形的港池内，其入射波浪周期 $T=1.41\text{s}$，波高 $H_0=0.12\text{m}$。防波堤设置为完全反射边界条件，其他三边则为吸收边界条件。计算区域内的水深可由下式计算：

$$h=0.3-0.02y \tag{6-21}$$

由于针对该模型所做的物理实验分别设置了口门宽度为 2m 和 4m，故本研究也将考虑这两种口门宽度，并分别考虑在不同口门宽度下的线性模式和非线性模式，并将模拟结果与实验数据[15]、FDM 数值解[12]、LDQM 数值解[6] 进行对比，以进一步验证应用广义有限差分法求解缓坡方程的可行性。图 6-15 和图 6-16 分别给出了线性模式和非线性模式下的结果对比。

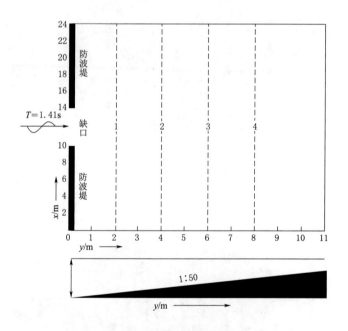

图 6-14　防波堤与缓坡组合模型示意图

比较线性模式与非线性模式可以看出，由于非线性的影响，在一些峰值位置，非线性模式下的结果与实验数据之间的差异稍大于线性模式下的结果。此外，根据图 6-15 和图 6-16 可以看出，不管是线性模式还是非线性模式，本研究方法下的数值结果与实验数据及其他数值解对比良好。由此也证明了将广义有限差分法应用于缓坡方程的可行性、准确性和广泛的适用性。

图 6-17 和图 6-18 分别给出了口门宽度为 2m 和 4m 时的非线性三维视图。从图中可看出，波浪在经过缺口后，由于绕射效应使其传播到整个计算区域内，并与防波堤后缓坡导致的反射现象结合，使其在沿着 y 方向的中心线上有一定的汇聚现象。

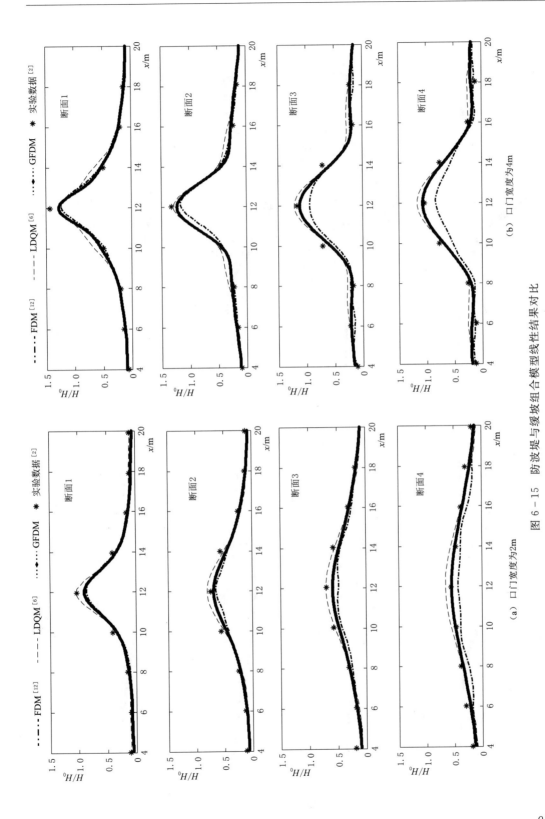

图 6 - 15 防波提与缓坡组合模型线性结果对比

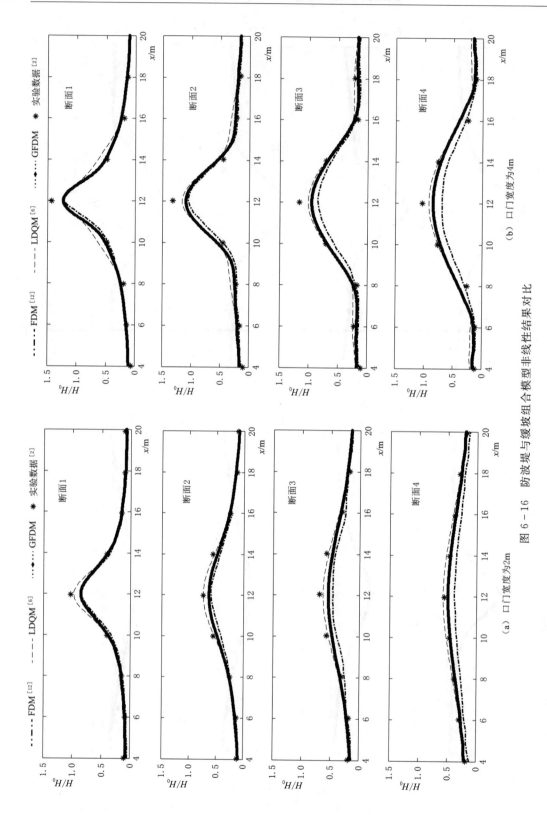

图 6－16　防波堤与缓坡组合模型非线性结果对比

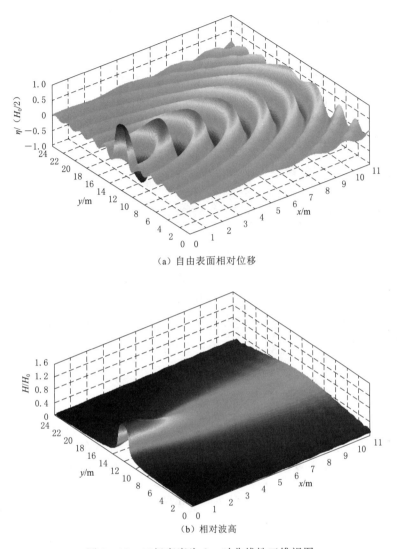

（a）自由表面相对位移

（b）相对波高

图 6 - 17　口门宽度为 2m 时非线性三维视图

6.2　时间型缓坡方程数值模拟

海上实际波浪是由多数频率不同、振幅不同、方向各异和位相杂乱的波浪组成的复杂波动现象[16]，其具有不规则性和随机性。时间型缓坡方程则为考虑波浪不规则性而提出的一种缓坡方程变形形式。目前所具有的时间型缓坡方程形式多样[17-20]。时间型缓坡方程由于其所包含的时间二阶导数而使得大部分数值方法不能直接对其求解，本研究在时间离散上选择 Houbolt 法，本章便应用广义有限差分法配合 Houbolt 法求解时间型缓坡方程式，进而模拟波浪产生、传播及变形过程。同样通过几个数值案例的模拟分析以验证将广义有限差分法应用于时间型缓坡方程的可行性和准确性。

6.2.1　控制方程及边界条件

建立如图 6-18 所示的三维数值水槽。其水面宽度为 a，长度为 b，静止水深为 $h(x,y)$，自由液面上各点位偏离静止水位时的竖直高度为 $\eta(x,y,t)$。

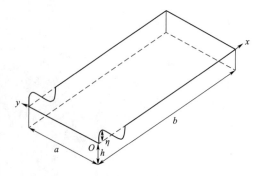

图 6-18　时间型缓坡方程自由水面模型

为描述波浪从产生到传播变形的过程，控制方程采用 Dingemans 提出的时间型缓坡方程式[18]：

$$\frac{\partial^2 \eta}{\partial t^2} - \frac{\partial(cc_g)}{\partial x}\frac{\partial \eta}{\partial x} - \frac{\partial(cc_g)}{\partial y}\frac{\partial \eta}{\partial y} - cc_g\left(\frac{\partial^2 \eta}{\partial x^2} + \frac{\partial^2 \eta}{\partial y^2}\right) + (\omega^2 - k^2 cc_g)\eta = 0 \qquad (6-22)$$

式中：$\eta = \eta(x,y,t)$ 为波浪自由表面位移；t 为时间。

波数 k 与角频率 ω 之间的关系由下列分散关系式表示：

$$\omega^2 = gk\tanh(kh) \qquad (6-23)$$

式中：g 为重力加速度；$h = h(x,y)$ 为静水深度；c 和 c_g 分别为波浪相速度和群速度，二者分别由计算如下：

$$c = \frac{\omega}{k} \qquad (6-24)$$

$$c_g = \frac{\mathrm{d}\omega}{\mathrm{d}k} = \frac{c}{2}\left[1 + \frac{2kh}{\sinh(2kh)}\right] \qquad (6-25)$$

在求解该方程时，一般所需三种类型的边界条件，即入射边界条件、辐射边界条件和固体边界条件。在本章研究中，定义一线性周期波为入射边界条件，表示为

$$\eta(t) = \frac{H_0}{2}\sin(\omega t) \qquad (6-26)$$

式中：H_0 为入射波高。

在辐射边界上，波浪允许自由通过而不受边界的影响，即模拟无限远海域。在本章中采用 Engquist 和 Majda[21] 所推导的二阶辐射边界条件，其表达式如下：

$$\frac{\partial^2 \eta}{\partial t^2} + c\frac{\partial^2 \eta}{\partial \boldsymbol{n}\partial t} - \frac{c^2}{2}\frac{\partial^2 \eta}{\partial \boldsymbol{s}^2} = 0 \qquad (6-27)$$

式中：n 和 s 分别为辐射边界上的法向向量和切向向量。

对于垂直入射波，上式可简化为

$$\frac{\partial \eta}{\partial t} + c\frac{\partial \eta}{\partial \boldsymbol{n}} = 0 \qquad (6-28)$$

对于固体边界，波浪被完全反射，其边界条件表达式为

$$\frac{\partial \eta}{\partial \boldsymbol{n}} = 0 \qquad (6-29)$$

式中：n 表示固体边界上的法向向量。

6.2.2　利用 Houbolt 法和 GFDM 求解过程

采用 Houbolt 法时间离散过程将控制方程式（6-22）与辐射边界条件式（6-27）中的时间项离散后可分别写成下列两式：

$$\left[2 + \Delta t^2 (\sigma^2 - k^2 cc_g)\right] \eta^{n+1} - \Delta t^2 \left[\frac{\partial (cc_g)}{\partial x} \frac{\partial \eta^{n+1}}{\partial x} + \frac{\partial (cc_g)}{\partial y} \frac{\partial \eta^{n+1}}{\partial y}\right] -$$

$$\Delta t^2 cc_g \left(\frac{\partial^2 \eta^{n+1}}{\partial x^2} + \frac{\partial^2 \eta^{n+1}}{\partial y^2}\right) = 5 \eta^n - 4 \eta^{n-1} + \eta^{n-2} \tag{6-30}$$

$$2 \eta^{n+1} + \frac{11 c \Delta t}{6} \frac{\partial \eta^{n+1}}{\partial x} - \frac{c^2 \Delta t^2}{2} \frac{\partial^2 \eta^{n+1}}{\partial y^2}$$

$$= 5 \eta^n - 4 \eta^{n-1} + \eta^{n-2} + \frac{c \Delta t}{6} \left(18 \frac{\partial \eta^n}{\partial x} - 9 \frac{\partial \eta^{n-1}}{\partial x} + 2 \frac{\partial \eta^{n-2}}{\partial x}\right) \tag{6-31}$$

由此将时间项离散为只含各时间层上空间变量的方程，时间型缓坡方程在 t^{n+1} 时间层的空间离散过程描述如下。在计算区域内布置 N 个点，内部点数为 n_i，入射边界 $x=0$，侧向边界 $y=0$，辐射边界 $x=b$ 和另一侧向边界 $y=a$ 上布置的点数分别为 n_{b1}、n_{b2}、n_{b3} 和 n_{b4}。然后利用广义有限差分法离散方程偏微分项的过程，可以将式（6-30）和式（6-31）中偏微分项表示为各点物理量的线性叠加。

当计算区域所有内部点满足控制方程式（6-30）时，可以得到下列线性代数方程：

$$\{2 + \Delta t^2 (\sigma^2 - k^2 cc_g)\} \eta^{n+1} - \Delta t^2 \left[\frac{\partial (cc_g)}{\partial x} \frac{\partial \eta^{n+1}}{\partial x} + \frac{\partial (cc_g)}{\partial y} \frac{\partial \eta^{n+1}}{\partial y}\right] -$$

$$\Delta t^2 cc_g \left(\frac{\partial^2 \eta^{n+1}}{\partial x^2} + \frac{\partial^2 \eta^{n+1}}{\partial y^2}\right)$$

$$= \{2 + \Delta t^2 (\sigma^2 - k^2 cc_g)\} \eta_i^{n+1} -$$

$$\Delta t^2 \left(w_0^{x,i} (cc_g)_i + \sum_{j=1}^{n_s} w_j^{x,i} (cc_g)_j^i\right) \left(w_0^{x,i} \eta_i^{n+1} + \sum_{j=1}^{n_s} w_j^{x,i} \eta_j^{n+1,i}\right) -$$

$$\Delta t^2 \left(w_0^{y,i} (cc_g)_i + \sum_{j=1}^{n_s} w_j^{y,i} (cc_g)_j^i\right) \left(w_0^{y,i} \eta_i^{n+1} + \sum_{j=1}^{n_s} w_j^{y,i} \eta_j^{n+1,i}\right) -$$

$$\Delta t^2 cc_g \left(w_0^{xx,i} \eta_i^{n+1} + \sum_{j=1}^{n_s} w_j^{xx,i} \eta_j^{n+1,i} + w_0^{yy,i} \eta_i^{n+1} + \sum_{j=1}^{n_s} w_j^{yy,i} \eta_j^{n+1,i}\right)$$

$$= 5 \eta_i^n - 4 \eta_i^{n-1} + \eta_i^{n-2}, \quad i = 1, 2, 3, \cdots, n_i \tag{6-32}$$

另外，所有边界上的点满足相应的边界条件可生成如下线性代数方程组：

$$\eta_i^{n+1} = \frac{H_0}{2} \sin(\omega t^{n+1}), \quad i = n_i + 1, n_i + 2, n_i + 3, \cdots, n_i + n_{b1} \tag{6-33}$$

$$-\frac{\partial \eta^{n+1}}{\partial y}\bigg|_i = -w_0^{y,i} \eta_i^{n+1} - \sum_{j=1}^{n_s} w_j^{y,i} \eta_j^{n+1,i} = 0,$$

$$i = n_i + n_{b1} + 1, n_i + n_{b1} + 2, n_i + n_{b1} + 3, \cdots, ni + n_{b1} + n_{b2} \tag{6-34}$$

$$2\eta^{n+1} + \frac{11c\Delta t}{6}\left(w_0^{x,i}\eta_i^{n+1} + \sum_{j=1}^{n_s} w_j^{x,j}\eta_j^{n+1,i}\right) - \frac{c^2\Delta t^2}{2}\left(w_0^{yy,i}\eta_i^{n+1} + \sum_{j=1}^{n_s} w_j^{yy,j}\eta_j^{n+1,i}\right)$$

$$= 5\eta^n - 4\eta^{n-1} + \eta^{n-2} + 3c\Delta t\left(w_0^{x,i}\eta_i^n + \sum_{j=1}^{n_s} w_j^{x,j}\eta_j^{n,i}\right) -$$

$$\frac{3c\Delta t}{2}\left(w_0^{x,i}\eta_i^{n-1} + \sum_{j=1}^{n_s} w_j^{x,j}\eta_j^{n-1,i}\right) + \frac{c\Delta t}{3}\left(w_0^{x,i}\eta_i^{n-2} + \sum_{j=1}^{n_s} w_j^{x,j}\eta_j^{n-2,i}\right) \tag{6-35}$$

$$\left.\frac{\partial\eta^{n+1}}{\partial y}\right|_i = w_0^{y,i}\eta_i^{n+1} + \sum_{j=1}^{n_s} w_j^{y,i}\eta_j^{n+1,i} = 0,$$

$$i = n_i + n_{b1} + n_{b2} + n_{b3} + 1, n_i + n_{b1} + n_{b2} + n_{b3} + 2, \cdots, N \tag{6-36}$$

则所有计算区域上的点可生成由式（6-32）～式（6-36）所组成的线性代数方程组：

$$[E]_{N\times N}\{\boldsymbol{\eta}^{n+1}\}_{N\times 1} = \{\boldsymbol{g}\}_{N\times 1} \tag{6-37}$$

式中：$[E]$ 为由于每一个点的计算只考虑周围 n_s 个点的影响而形成的稀疏矩阵；$\{\boldsymbol{g}\}$ 由控制方程和边界条件的非齐次项组成。此方程组的解则为 t^{n+1} 时间层上的所有物理量的值。

在求得 t^{n+1} 时间层上的物理量后，便可更新 t^n 时间层，进而更新 t^{n-1} 和 t^{n-2} 时间层，则整个计算过程便可向前推进，直到计算区域内波浪运动达到稳定状态。

6.2.3 时间型缓坡方程数值模型验证

应用广义有限差分法求解时间型缓坡方程对不同模型进行数值模拟，分析恒定水深中波浪的传播现象、缓变水深下波浪发生的浅化效应、波浪经过缓坡与椭圆形潜堤组合地形时发生的折射绕射现象，以及波浪在经过放置圆形潜堤的非对称区域时发生的变形现象。将模拟结果与前人研究进行对比，进而验证将广义有限差分法应用于时间型缓坡方程的可行性和准确性。

6.2.3.1 恒定水深中波浪传播现象

波浪的产生和传播分析是研究波浪运动的先决条件。本节将研究长波和短波在恒定水深中的传播。Lin[22] 提出了一恒定水深模型对波浪产生和传播进行相应研究并取得较好的结果。本章主要参考其案例设置进行研究，主要研究目的有三个：其一，确定在应用广义有限差分法进行模拟时，保证精度的情况下描述一个波长内的波所需的最少点数，这将为之后更为复杂的计算作参考和准备；其二，测试式（6-6）定义的辐射边界条件和式（6-8）定义的固体边界条件对波浪吸收和反射的有效性；其三，验证广义有限差分法在处理波浪传播问题时的可行性，这对于实时波浪预测有着至关重要的作用。

（1）短波。众所周知，波浪在传播过程中速度有群速度和相速度之分，而平时所言波浪传播速度是指其群速度而非相速度。在深水区域，群速度总是小于相速度，因此当一列波传播到静止深水中时，在波前端将出现波峰消失的现象，并以低于相速度的速度传播。图6-19给出了一列周期$T=1s$，波高$H_0=0.01m$的短波在深度$h=1m$的水槽内的传播过程自由液面沿x轴的剖面图，此时波浪相速度$c=1.560m/s$，群速度$c_g=0.784m/s$，由编程计算结果可知$kh=4.027$，波长$\lambda=1.560m$。设置数值水槽为长度$b=100m$、宽度$a=1.5m$的长条形区域。数值计算空间间隔$\Delta x=\Delta y=0.1m$，时间间隔$\Delta t=0.05s$，则可知大概16个点便可以描述一个波长。

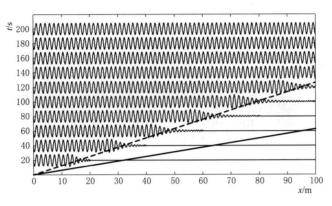

图6-19 短波在静止深水中传播

（2）长波。为与短波在恒定水深中的传播形成对比，同时也为了验证广义有限差分法的适用范围，本小节分析长波在恒定水深中的传播现象。图6-20给出了一列周期$T=20s$、波高$H_0=0.01m$的长波在深度$h=1m$的水槽内传播过程自由液面沿x轴的剖面图，此时波浪相速度$c=3.127m/s$，群速度$c_g=3.116m/s$，由编程计算结果可知$kh=0.101$，波长$\lambda=62.52m$。设置水槽为长度$b=1000m$、宽度$a=15m$的长条形区域。数值计算空间间隔$\Delta x=\Delta y=1m$，时间间隔$\Delta t=0.1s$。图6-20中的粗实线和粗虚线分别表示波浪相速度和群速度，可以看出，由于两条线基本重合，意味着波浪传播时其相速度与群速度一致，则波浪分散作用很少，故而在波浪前端并不出现短波传播时波峰消失的现象，但每一时刻波浪前端都

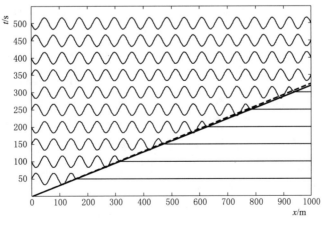

图6-20 长波在静止深水中传播

大致与群速度相交，即波浪大致以群速度传播这一特性在长波的传播中同样被准确模拟出来。同样，当一列波从入射边界传播经计算区域并通过辐射边界离开后，如 $t = 500\text{s}$ 时，在计算区域内形成稳定的波动，这一现象证明了式（6-6）所定义的辐射边界条件的有效性。另外，为了验证式（6-8）所定义的固体边界的有效性，将辐射边界条件改为固体边界条件，重新运行程序，取 t 在 $600 \sim 620\text{s}$ 之间的波浪重叠作图 6-21，从图中可以清楚看到，在固体边界前方形成了一列完整的驻波，由此证明固体边界的有效性。

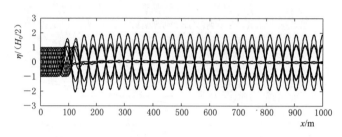

图 6-21　出流边界改为固体边界后的驻波现象

6.2.3.2　缓变水深中波浪浅化效应

波浪的浅化效应可以很好地反映能量守恒法则。本节在前一节波浪传播的基础上，将恒定水深变为缓变水深，研究波浪浅化效应，同时验证波浪在 200km 的缓变水深下传播过程中的能量守恒。当波浪从深水区域向浅水区传播时，波能密度随着波浪群速度的变化而变化，相应地，与波能密度平方根成一定比例的波高也随着变化。Dean 等[23] 从流体能量守恒推导出浅化公式：

$$c_g E = K \Rightarrow c_g H^2 = K \qquad (6-38)$$

式中：K 为一恒定值。

为模拟波浪浅化效应，本节采用一列线性波由深水区域经过缓坡传播到浅水区域的理想模型进行计算分析，模型中深水区域水深为 3000 m，浅水区域水深为 40 m，中间缓坡的坡度为 2%，整个数值模型尺寸为长度 b=200km，宽度 a=1.5km。入射波周期 T=60s，波高 H_0=0.01m，编程计算出在深水区域 $(kh)_d$=3.365，浅水区域 $(kh)_s$=0.213，因此在深水区域波浪属于短波范畴，而在浅水区域波浪属于长波范畴。图 6-22 给出了模型的设置和模拟结果沿着 x 轴方向的剖面图，从图中可看出，波浪从深水区域传播到中间水深的过程中，随着水深减小，群速度增加，波高逐渐减小，但当波浪传播到浅水区域时，波高快速增加。这一现象正很好地反映出浅化公式（6-17）所描述的能量守恒的物理意义，同时也反映出广义有限差分法与缓坡方程的结合在长距离的波浪传播中能很好地保证能量守恒，即其具有良好的准确性和稳定性。

6.2.3.3　缓坡与椭圆形潜堤组合模型

本节将模拟波浪通过缓坡与椭圆形潜堤组合地形的折射绕射联合现象，这一模型是 1982 年 Berkhoff 等[2] 提出，并进行了物理实验及数值模拟。

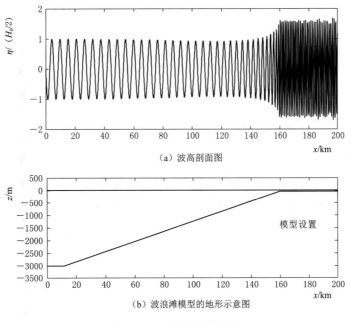

（a）波高剖面图

（b）波浪滩模型的地形示意图

图 6-22　波浪浅化效应

在本节研究中，入射波周期 $T=1\mathrm{s}$，波高 $H_0=0.0464\mathrm{m}$，数值模拟总时长 $t=60T$，时间步长 $\Delta t=0.01\mathrm{s}$，空间步长 $\Delta x=\Delta y=0.05\mathrm{m}$。由于控制方程中所求未知物理量是自由水面位移 η，而为了与前人结果对比，结果以相对波高 H/H_0 的形式呈现，故而在计算过程中采用计算区域内波浪传播稳定后 20 个周期内的自由水面位移计算相对波高，即每一计算点位上取 $t=35T\sim55T$ 时段内所有计算时刻的最大自由水面位移作为该点位上的振幅 A，进而求得波高 H。

图 6-23 给出了这一模型在时间型缓坡方程描述下的模拟结果，所取的 8 个断面为 3.3.3 节所标示断面，图中同时给出了前人的研究成果，包括 Berkhoff 等[2] 的模型实验数据和有限元法数值结果，Panchang 等[12] 用有限差分法针对原始缓坡方程所求的数值结果以及 Hamidi 等[6] 用局部微分积分法对原始缓坡方程求解的数值结果。从图中可看出，本数值结果与前人的数值结果对比良好，尤其是与有限差分法的结果基本吻合。同时也可看出，本数值结果与实验数据在某些断面上个别位置的对比有一些差异，事实上可以看出其他的数值结果与实验数据之间存在同样的差异。这些差异主要来自缓坡方程线性模式的影响，这一点在前人的研究中被指出，Kirby 等[1] 通过用非线性分散关系式代替线性分散关系式得到了更好的结果，Hamidi 等[6] 在此基础上也给出了非线性模式下的缓坡方程对此案例有更切合实验数据的数值结果，另外，在 3.3.3 节中引用原始缓坡方程的非线性模式也得出了同样的结论。然而对于时间型缓坡方程，目前还没有发现将非线性影响引入方程中的研究，考虑到计算时间的关系，本节亦没作过多延伸，在适当增加计算时间的条件下考虑时间型缓坡方程的非线性模式可作为之后的研究发展方向。

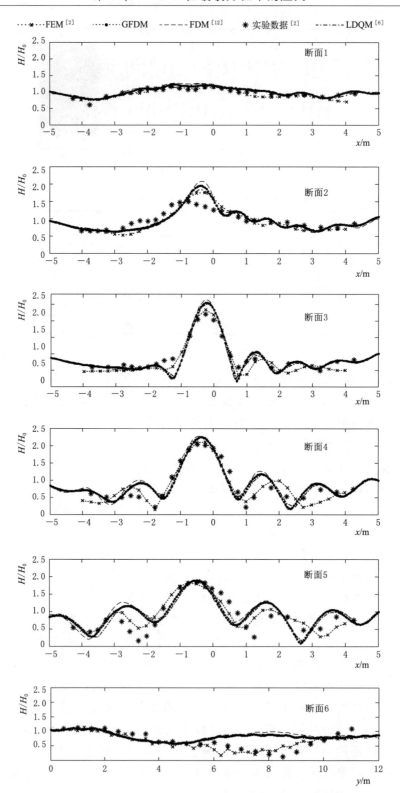

图 6 - 23（一）　波浪通过缓坡与椭圆形潜堤组合模型断面对比图

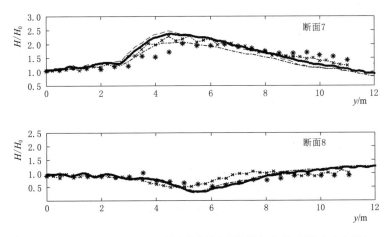

图 6-23（二） 波浪通过缓坡与椭圆形潜堤组合模型断面对比图

6.2.3.4 圆形潜堤非对称模型

将讨论一个非对称模型，其平面布置如图 6-24 所示，该模型是由一圆形潜堤放置于长 $b=20\text{m}$，宽 $a=18.2\text{m}$ 的水平计算区域内，潜堤半径为 2.57m，其位置及在潜堤上的水深 $h(x,y)$ 分别满足

$$(x-5)^2+(y-8.98)^2=2.57^2 \tag{6-39}$$

$$h(x,y)=9.18-\sqrt{82.81-(x-5)^2-(y-8.98)^2} \tag{6-40}$$

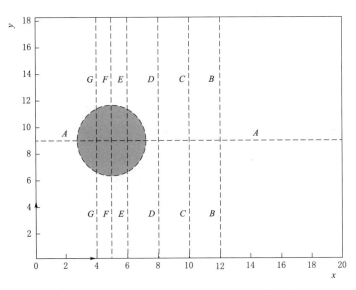

图 6-24 波浪通圆形潜堤非对称区域平面图

计算区域内潜堤以外范围的水深均为 0.45m。模型设置左侧为入射边界，上下侧均为固体边界，右侧为辐射边界。

这一模型是 Chawla 和 Kirby[24] 在 1996 年提出，并进行了规则波、方向性随机波并考虑波破碎和不破碎等系列实验。之后被 Kennedy 等[25] 引用以验证 Boussinesq 数值模型，另外 Song 等[26] 用时间型缓坡方程描述该模型的波浪变形以验证其数值方法。由于在前人的研究中，该模型的结果都以波高的均方根的形式呈现，在所能找到的参考文献中除了图 6 - 24 中的 A—A 断面，并没有文章给出其他断面的确定位置。考虑到前面多个案例已经证明广义有限差分法在求解缓坡方程时的可行性，故在本节研究中，将与其他学者的研究对比 A—A 断面的结果作简要验证，再自定义其他断面，并且以相对波高的形式呈现，为之后研究该模型提供一定参考依据。另外，将借助该案例讨论时间步长 Δt 和空间步长 Δx 对模拟结果的影响。

在本模型实验中，入射波周期 $T = 1s$，波高 $H_0 = 1.18$ cm，设置模拟参数时间步长 $\Delta t = 0.01s$，0.025s，0.05s，空间步长 $\Delta x = \Delta y = 0.2m$，0.1m，0.05m，总模拟时间 $t = 50s$。同 6.2.3 节，由于控制方程中所求未知物理量是自由水面位移 η，而结果以相对波高 H/H_0 的形式呈现，故而在计算过程中采用计算区域内波浪传播稳定后 15 个周期内的自由水面位移计算相对波高，即每一计算点位上取 $t = 35T \sim 50T$ 时段内所有计算时刻的最大自由水面位移作为该点位上的振幅 A，进而求得波高 H。图 6 - 25 给出了计算区域内波浪传播稳定后本研究结果在 A—A 断面上与其他学者研究成果进行的对比。从图中可看出，本模拟结果与实验数据吻合良好，同时也与其他数值方法结果基本吻合。

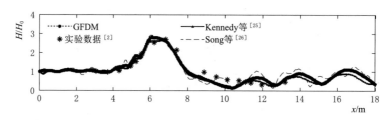

图 6 - 25　A—A 断面相对波高对比图

对于空间步长 Δx 和时间步长 Δt 的讨论结果分别展示于图 6 - 26 和图 6 - 27。图 6 - 26 中的时间步长 $\Delta t = 0.025s$，从 A—A 断面可以看出随着 Δx 的减小，模拟结果逐渐接近实验数据，且在 $\Delta x = 0.1m$ 时，相对波高值已经趋于收敛，直至 $\Delta x = 0.05m$ 也只出现了很小的差异，而且与实验数据基本吻合，同时在各断面上出现同样的收敛情况，故而认为在空间上收敛于 $\Delta x = 0.1m$，图 6 - 27 中的空间步长 $\Delta x = 0.05m$，从 A—A 断面可以看出随着 Δt 的减小，模拟结果逐渐接近实验数据，且在 $\Delta t = 0.02s$ 时，相对波高值已经趋于收敛，直至 $\Delta t = 0.01s$ 也只出现了很小的差异，而且与实验数据基本吻合，同时在各断面上出现同样的收敛情况，故而认为在时间上收敛于 $\Delta t = 0.02s$。以上描述可以看出，广义有限差分法具有良好的准确性、收敛性及稳定性。

图 6 - 28 给出了该模型在波浪传播稳定后的三维视图。可以看出波浪在总体上分布是大致对称的，但由于潜堤位置稍偏向于 y 轴负方向，导致波浪分布出现轻微的不对称性。

读者可阅读文献［27］和文献［28］，以对本章有更为深刻的理解。

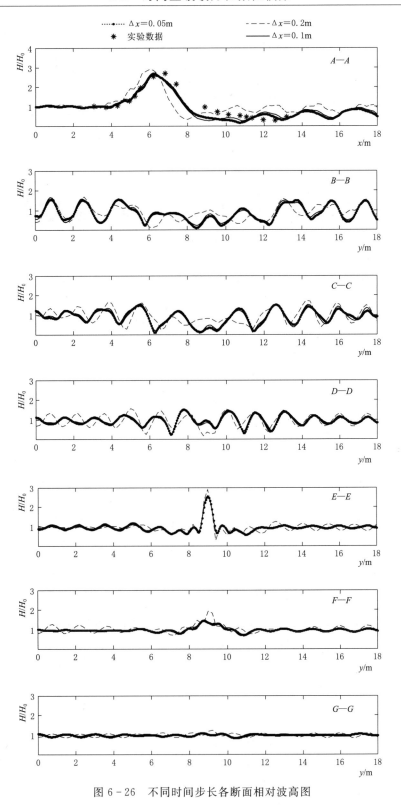

图 6-26 不同时间步长各断面相对波高图

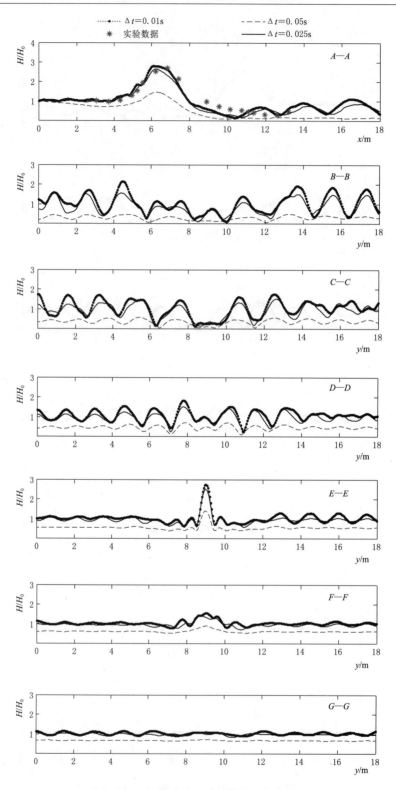

图 6-27　不同空间步长各断面相对波高图

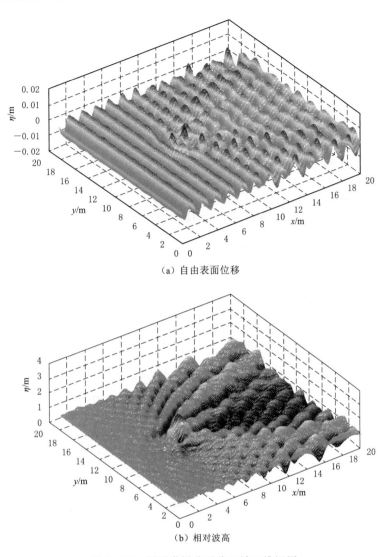

（a）自由表面位移

（b）相对波高

图 6 - 28　圆形潜堤非对称区域三维视图

参 考 文 献

［1］　KIRBY J T，DALRYMPLE R A. An approximate model for nonlinear dispersion in monochromatic wave propagation models ［J］. Coastal Engineering，1986，9（6）：545 - 561.

［2］　BERKHOFF J C W，BOOY N，RADDER A C. Verification of numerical wave propagation models for simple harmonic linear water waves ［J］. Coastal Engineering，1982，6（3）：255 - 279.

［3］　NASERIZADEH R，BINGHAM H B，Noorzad A. A coupled boundary element-finite difference solution of the elliptic modified mild slope equation ［J］. Engineering analysis with boundary elements，2011，35（1）：25 - 33.

［4］　BETTESS P，ZIENKIEWICZ O C. Diffraction and refraction of surface waves using finite and infi-

nite elements [J]. International Journal for Numerical Methods in Engineering, 1977, 11 (8):
1271 - 1290.

[5]　ZHANG Y, ZHU S. New solutions for the propagation of long water waves over variable depth
[J]. Journal of Fluid Mechanics, 1994, 278: 391 - 406.

[6]　HAMIDI M E, HASHEMI M R, TALEBBEYDOKHTI N, et al. Numerical modelling of the
mild slope equation using localised differential quadrature method [J]. Ocean Engineering, 2012,
47: 88 - 103.

[7]　HOMMA S. On the behavior of seismic sea waves around circular island [J]. Geophys. Mag,
1950, 21 (3): 199 - 208.

[8]　LIU H W, LIN P, SHANKAR N J. An analytic solution for combined refraction and diffraction
based on the mild-slope equation [J]. Coastal Engng, 2004, 51: 421 - 437.

[9]　CHENG Y M. A new solution for waves incident to a circular island on an axi-symmetric shoal [J].
Ocean Engineering, 2011, 38 (17 - 18): 1916 - 1924.

[10]　ZHU S P, LIU H W, CHEN K. A general DRBEM model for wave refraction and diffraction [J].
Engineering analysis with boundary elements, 2000, 24 (5): 377 - 390.

[11]　LIU H W, XIE J J. The series solution to the modified mild-slope equation for wave scattering by
Homma islands [J]. Wave Motion, 2013, 50 (4): 869 - 884.

[12]　PANCHANG V G, PEARCE B R, WEI G, et al. Solution of the mild-slope wave problem by iter-
ation [J]. Applied Ocean Research, 1991, 13 (4): 187 - 199.

[13]　TANG J, SHEN Y, ZHENG Y, et al. An efficient and flexible computational model for solving
the mild slope equation [J]. Coastal Engineering, 2004, 51 (2): 143 - 154.

[14]　LIU Z, ZHANG R, CHEN B. High order numerical code for hyperbolic mild-slope equations with
nonlinear dispersion relation [J]. Journal of Ocean University of China, 2007, 6 (4): 421 - 423.

[15]　WU Y, XIA Z H. The experimental verification of the numerical model for the two-dimension wave
[J]. Report No. COE9405, State Key Laboratory of Coastal and Offshore Engineering, Dalian U-
niversity of Technology. Dalian, People's Republic of China, 1994.

[16]　文圣常. 海浪理论与计算原理 [M]. 北京：科学出版社，1984.

[17]　BOOIJ N. Gravity waves on water with non-uniform depth and current [D]. TU Delft, Delft Uni-
versity of Technology, 1981.

[18]　RADDER A C, DINGEMANS M W. Canonical equations for almost periodic, weakly nonlinear
gravity waves [J]. Wave motion, 1985, 7 (5): 473 - 485.

[19]　KUBO Y, KOTAKE Y, LSOBE M, et al. On the unsteady mild-slope equation for random wave
[J]. Proc. Of Coastal Eng. In Japan, 1991, 38: 46.

[20]　KUBO Y, KOTAKE Y, LSOBE M, et al. Time-dependent mild slope equation for random waves
[J]. Coastal Engineering Proceedings, 1992, 1 (23)

[21]　ENGQUIST B, MAJDA A. Absorbing boundary conditions for numerical simulation of waves [J].
Proceedings of the National Academy of Sciences, 1977, 74 (5): 1765 - 1766.

[22]　LIN P. A compact numerical algorithm for solving the time-dependent mild slope equation [J]. In-
ternational journal for numerical methods in fluids, 2004, 45 (6): 625 - 642.

[23]　DEAN R G, DALRYMPLE R A. Water wave mechanics for engineers and scientists [M]. Pren-
tice-Hall, 1991.

[24]　CHAWLA A K, KIRBY J T. Wave transformation over a submerged shoal [M]. University of
Delaware, Department of Civil Engineering, Center for Applied Coastal Research, 1996.

[25]　KENNEDY A B, CHEN Q, KIRBY J T, et al. Boussinesq modeling of wave transformation,

breaking, and runup. I: 1D [J]. Journal of waterway, port, coastal, and ocean engineering, 2000, 126 (1): 39 – 47.

[26] SONG Z, ZHANG H, KONG J, et al. An efficient numerical model of hyperbolic mild – slope equation [C] //ASME 2007 26th International Conference on Offshore Mechanics and Arctic Engineering. American Society of Mechanical Engineers, 2007: 253 – 258.

[27] 梁林. 基于广义有限差分法模拟缓坡方程 [D]. 福州: 福州大学, 2017.

[28] ZHANG T , HUANG Y J , LIANG L , et al. Numerical solutions of mild slope equation by generalized finite difference method [J]. Engineering analysis with boundary elements, 2018, 88 (MAR.): 1 – 13.

第7章　基于 Local RBF-DQM 考虑海底陡变地形影响的改进型缓坡方程数值模拟

原始缓坡方程（MSE）对于水深变化缓慢区域的波浪运动模拟适用性很好，但若应用于地形复杂的区域，其精度将会降低甚至得不到满足工程需要的结果。为了准确捕捉海底坡度较陡或地形变化剧烈区域的波浪传播变形，本章将基于 Local RBF-DQM 求解考虑海底陡变地形影响的改进型缓坡方程（EMSE）。Local RBF-DQM 是一种新型的无网格法，是由传统的微分求积法（Differential Quadrature Method，DQM）发展而来，因此保留了 DQM 的简易性，也同时具有无网格的优势，也是一种具有很大发展潜力的无网格法。在局部化径向基函数微分求积法的发展过程中，微分求积法（DQM）的概念被融入进来，DQM 最早由 Bellman 等[1] 于 1972 年提出，其基本思想是，某一节点对应的偏导项可以近似为沿该点所在的水平或垂直线上所有节点函数值的线性加权和。DQM 是一种全域方法，目前为止 DQM 已经被广泛地应用于许多工程[2-5]。需要指出的是，传统的 DQM 是基于一维多项式逼近，因此只能应用于直线边界上，这极大地限制了它在曲面边界问题上的应用。为了克服这种限制，Local RBF-DQM 应运而生。在 Local RBF-DQM 中，选取某一参考点附近随机分布的相邻点组成一个局部支持区域，将径向基函数（RBFs）作为该局部区域的基函数，然后用 DQM 公式近似未知函数在参考点处的偏微分项。显然，Local RBF-DQM 结合了 RBFs 的无网格性质和 DQM 的导数近似原理，且具有无网格的优势。与全局型方法相比，区域型的特征使得该方法在计算中会产生一个大型稀疏方程组，相比于满秩矩阵计算效率会显著提高，更加节省内存空间，从而更适于大面积区域的数值模拟。

Local RBF-DQM 从提出至今，已经被应用到很多科学研究和工程中。Shu 等[6-7] 将 Local RBF-DQM 分别用于求解二维不可压缩的纳维-斯托克斯方程和模拟无黏性可压缩流；Hashemi 等[8] 利用 Local RBF-DQM 进行非稳定渗流分析；Wu 等[9] 基于 Local RBF-DQM 对任意形状的薄膜进行振动分析；Shan 等[10] 应用 Local RBF-DQM 模拟了具有弯曲边界的三维不可压缩黏性流；Dehghan 等[11] 利用 Local RBF-DQM 求解二维系统边界值问题；Wang 等[12] 将 Local RBF-DQM 用于逆波传播问题的研究。在以上研究中，由模拟相应案例的数值对比结果可以看出 Local RBF-DQM 可以得到与其他方法相同精度，甚至更优而且稳定的数值结果，表明 Local RBF-DQM 在求解高阶偏微分方程问题上具有很大的开发潜力。

本章采用三个不同实验条件考虑海底陡变地形影响的改进型缓坡方程数值模拟的案例进行验证，并将模拟结果进行对比分析。此外，通过设置不同的布点总数进一步测试本数值方法的收敛性和稳定性。

7.1 控制方程

如图 7-1 所示，一列波浪在海底地形变化较为剧烈的海洋区域中传播。对该区域建立笛卡尔坐标系，水平坐标 (x,y) 位于静水面上，入射波的方向为沿 x 轴正向。同时假设流体是不可压缩、无旋且无黏的理想水体。Chandrasekera 和 Cheung[13] 通过考虑高阶底坡项：底坡曲率项 $\nabla_2 h$ 和底坡平方项 $(\nabla h)^2$ 的影响，推导出缓坡方程的改进形式。图 7-1 中的波浪运动就可通过此改进型缓坡方程进行模拟，该方程表达式如下：

$$\nabla(cc_g \nabla\varphi) + k^2 cc_g \varphi + [f_1(kh)g \nabla^2 h + f_2(kh)gk(\nabla h)^2]\varphi = 0 \qquad (7-1)$$

$$H = \frac{2\omega}{g}\sqrt{\varphi_1^2 + \varphi_2^2} \qquad (7-2)$$

其中

$$c = \omega/k$$
$$c_g = n'\omega/k$$
$$n' = 0.5[1 + 2kh/\sinh(2kh)]$$

式中：$\nabla = (\partial/\partial x, \partial/\partial y)$ 为水平梯度算子，c、c_g 分别表示波浪传播的相速度和群速度；ω 为角速度；n' 为浅化因子；$\varphi = \varphi_1 + i\varphi_2$ 为二维平面波速势函数，其中 $i = \sqrt{-1}$，φ_1

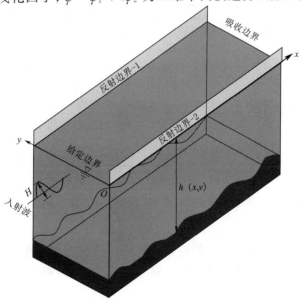

图 7-1 波浪在地形变化剧烈的海底区域中传播

和 φ_2 分别代表波速势的实部与虚部；h、g 和 H 分别为静水深、重力加速度和波高；f_1、f_2 分别为方程中曲率项和底坡平方项对应的系数，是相对水深 kh 的函数。

波数 k 通过下列色散关系式确定：

$$\omega^2 = gk\tanh(kh) \tag{7-3}$$

f_1、f_2 具体表达式如下：

$$f_1(kh) = \frac{-4kh\cosh(kh) + \sinh(3kh) + \sinh(kh) + 8(kh)^2\sinh(kh)}{8\cosh^3(kh)[2kh + \sinh(2kh)]} - \frac{kh\tanh(kh)}{2\cosh^2(kh)} \tag{7-4}$$

$$f_2(kh) = \frac{\mathrm{sech}^2(kh)}{6[2kh + \sinh(2kh)]^3}\{8(kh)^4 + 16(kh)^3\sinh(2kh) - 9\sinh^2(2kh)\cosh(2kh) + 12(kh)[1 + 2\sinh^4(kh)] \times [kh + \sinh(2kh)]\} \tag{7-5}$$

7.2　底坡效应项的影响程度分析

为分析 $\nabla^2 h$ 和 $(\nabla h)^2$ 在不同水深区域中的影响程度，将方程中这两项对应的系数 f_1、f_2 与相对水深的关系曲线在图 7-2 中绘出。由图可以看出，两系数在深水区

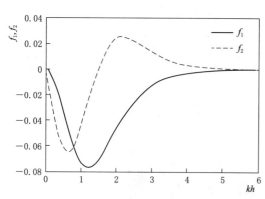

图 7-2　系数 f_1、f_2 与相对水深的关系曲线图

都趋于零，说明在深水中底坡效应的影响很小，可以忽略不计；在中等水深和浅水范围内，$\nabla^2 h$ 和 $(\nabla h)^2$ 均表现为不可忽略，说明此水深区中的底坡效应影响很大。

忽略底坡曲率项和平方项，扩展型方程式（7-1）即转化为 Berkhoff 原始缓坡方程，虽然采用不同的方法推导改进的缓坡方程，但可以证明式（7-1）与 Massel[14]、Chamberlain 和 Porter[15]的推导形式是等价的。

7.3　边界条件

控制方程式（7-1）结合相应的边界条件即可进行波浪场的数值模拟。本章涉及的边界条件主要有三种：给定边界条件、吸收边界条件和固体边界条件。本节将以图 7-1 为例对上述边界条件的运用进行具体描述，图 7-1 中所示矩形区域的四条边界段分别设置为：给定边界、反射边界-1、吸收边界和反射边界-2。

7.3.1 反射边界和吸收边界

对于反射边界和吸收边界，可以用一个联合边界条件公式来表示，很多学者推导出了各自的形式，本节采用最为经典的 Maa 等[16] 提出的联合边界条件表达式：

$$\frac{\partial \varphi}{\partial x} = \pm \mathrm{i}\alpha k \left(\varphi + \frac{1}{2k^2} \frac{\partial^2 \varphi}{\partial y^2} \right) \tag{7-6}$$

$$\frac{\partial \varphi}{\partial y} = \pm \mathrm{i}\alpha k \left(\varphi + \frac{1}{2k^2} \frac{\partial^2 \varphi}{\partial x^2} \right) \tag{7-7}$$

式中：$\mathrm{i} = \sqrt{-1}$；$\alpha = (1 - K_r)/(1 + K_r)$；$K_r$ 为反射系数。反射系数的取值将会代表不同的边界条件。

当 $\alpha = 0$，即 $K_r = 1$ 时，式（7-6）和式（7-7）边界为全反射边界，图 7-1 所示区域的上下两边界就为全反射边界；当 $\alpha = 1$，即 $K_r = 0$ 时，这两方程代表的边界为全吸收边界，图 7-1 所示区域的右侧边界为全吸收边界；当 $0 < \alpha < 1$，即 $0 < K_r < 1$ 时，表示边界为部分反射边界。

本节中采用形式简单且应用广泛的 Healy 法[17] 确定反射系数，下面给出该方法的计算公式：

$$K_r = \frac{(H_{\max} - H_{\min})/2}{(H_{\max} + H_{\min})/2} \tag{7-8}$$

式中：$H_{\max}$ 和 $H_{\min}$ 分别为反射系数计算区域内的波高最大值和最小值。

这里需要强调式（7-6）和式（7-7）表示的边界分别适用于垂直于 x 轴和 y 轴的边界段。此外，若式（7-6）对应边界处的吸收波方向为沿 x 轴正向，则公式中右侧部分的符号选择正号，反之取负号。因此，图 7-1 所示的吸收边界取正号。同理，若式（7-7）对应边界处的波浪传播方向为沿 y 轴正向，则公式中右侧部分的符号选择正号，反之取负号。

7.3.2 给定边界

给定边界表示入射波信息已经确定的边界段，此边界可以采用 Malekzadeh 和 Karami[4] 提出的下列公式进行描述：

$$\frac{\partial \varphi}{\partial x} = \pm \mathrm{i}k \left(\varphi + \frac{1}{2k^2} \frac{\partial^2 \varphi}{\partial y^2} \right) + 2\mathrm{i}k\varphi_g \tag{7-9}$$

$$\frac{\partial \varphi}{\partial y} = \pm \mathrm{i}k \left(\varphi + \frac{1}{2k^2} \frac{\partial^2 \varphi}{\partial x^2} \right) + 2\mathrm{i}k\varphi_g \tag{7-10}$$

式中：φ_g 为给定波浪速度势函数，表达式为

$$\varphi_g = A\mathrm{e}^{\mathrm{i}S} = \frac{\mathrm{i}gTH}{4\pi}\mathrm{e}^{\mathrm{i}S} \tag{7-11}$$

式中：A 为波振幅函数；S 为相位函数，当波浪正向入射时，$S = 0$。

若式（7-9）对应边界处的入射波方向为沿 x 轴正向，则公式中右侧部分的符号

选择正号，反之取负号。因此图 7-1 所示的左侧给定边界对应的符号为正号。同理可以确定式（7-10）入射波方向为 y 向时的符号。

7.4　考虑陡变地形影响的改进型缓坡方程 Local RBF-DQM 模型的建立

本节将描述基于 Local RBF-DQM 求解考虑海底陡变地形影响的改进型缓坡方程的数值流程。首先将控制方程式（7-1）改写成标量形式即

$$
\frac{\partial(cc_g)}{\partial x}\frac{\partial\varphi}{\partial x}+\frac{\partial(cc_g)}{\partial y}\frac{\partial\varphi}{\partial y}+cc_g\left(\frac{\partial^2\varphi}{\partial x^2}+\frac{\partial^2\varphi}{\partial y^2}\right)+\left\{k^2cc_g+f_1(kh)g\left(\frac{\partial^2 h}{\partial x^2}+\frac{\partial^2 h}{\partial y^2}\right)+\right.
$$
$$
\left.f_2(kh)gk\left[\left(\frac{\partial h}{\partial x}\right)^2+\left(\frac{\partial h}{\partial y}\right)^2\right]\right\}\varphi=0 \tag{7-12}
$$

令计算区域的每一内部点满足控制方程，并且运用 Local RBF-DQM 将控制方程中的偏导项近似为，该参考点对应支持域中各点函数值的权重值线性累加。于是产生如下 n_i 个形式的线性代数方程：

$$
\left(\sum_{k=1}^{n_s}w_k^{x,i}(cc_g)_k^i\right)\left(\sum_{k=1}^{n_s}w_k^{x,i}\varphi^i\right)+\left(\sum_{k=1}^{n_s}w_k^{y,i}(cc_g)_k^i\right)\left(\sum_{k=1}^{n_s}w_k^{y,i}\varphi_k^i\right)+
$$
$$
(cc_g)_i\left(\sum_{k=1}^{n_s}w_k^{xx,i}\varphi_k^i+\sum_{k=1}^{n_s}w_k^{yy,j}\varphi_k^i\right)+
$$
$$
\left\{(k^2cc_g)_i+[f_1(kh)g]_i\left(\sum_{k=1}^{n_s}w_k^{xx,i}h_k^i+\sum_{k=1}^{n_s}w_k^{yy,i}h_k^i\right)+\right.
$$
$$
\left.[f_2(kh)gk]_i\left[\left(\sum_{k=1}^{n_s}w_k^{x,i}h_k^i\right)^2+\left(\sum_{k=1}^{n_s}w_k^{y,i}h_k^i\right)^2\right]\right\}\varphi_i=0,\quad i=1,2,3,\cdots,n_i
$$
$$
\tag{7-13}
$$

同时使所有边界点满足相应的边界条件，产生下列线性代数方程组：

$$
\frac{\partial\varphi}{\partial x}\bigg|_i=\sum_{k=1}^{n_s}w_k^{x,i}\varphi_k^i=\mathrm{i}k\left(\varphi+\frac{1}{2k^2}\sum_{k=1}^{n_s}w_k^{yy,i}\varphi_k^i\right)+2\mathrm{i}k\varphi^g,
$$
$$
i=n_i+1,\ n_i+2,\ n_i+3,\ \cdots,\ n_i+n_{b1} \tag{7-14}
$$

$$
\frac{\partial\varphi}{\partial y}\bigg|_i=\sum_{k=1}^{n_s}w_k^{y,i}\varphi_k^i=0,
$$
$$
i=n_i+n_{b1}+1,\ n_i+n_{b1}+2,\ n_i+n_{b1}+3,\ \cdots,\ n_i+n_{b1}+n_{b2} \tag{7-15}
$$

$$
\frac{\partial\varphi}{\partial x}\bigg|_i=\sum_{k=1}^{n_s}w_k^{x,i}\varphi^i=\mathrm{i}k\left(\varphi+\frac{1}{2k^2}\sum_{k=1}^{n_s}w_k^{yy,i}\varphi^i\right),
$$
$$
i=n_i+n_{b1}+n_{b2}+1,\ n_i+n_{b1}+n_{b2}+2,\ \cdots,\ n_i+n_{b1}+n_{b2}+n_{b3} \tag{7-16}
$$

$$
\frac{\partial\varphi}{\partial y}\bigg|_i=\sum_{k=1}^{n_s}w_k^{y,i}\varphi_k^i=0,
$$
$$
i=n_i+n_{b1}+n_{b2}+n_{b3}+1,\ n_i+n_{b1}+n_{b2}+n_{b3}+2,\ \cdots,\ N \tag{7-17}
$$

最后，将式（7-13）～式（7-17）结合形成一个大型稀疏线性代数方程组，即

$$[\boldsymbol{E}]_{N \times N} \{\boldsymbol{\varphi}\}_{N \times 1} = \{\boldsymbol{g}\}_{N \times 1} \tag{7-18}$$

式中：$[\boldsymbol{E}]$ 为稀疏系数矩阵；$\{\boldsymbol{g}\}$ 为边界条件和控制方程的非齐次项。通过求解式（7-18）即可得到本目标函数-波浪速度势函数，进而计算出波高值。

7.5　考虑海底陡变地形影响的改进型缓坡方程数值模型验证

7.5.1　平面斜坡地形上的波浪反射

为了测试本模型对陡坡地形的适应性以及评估 MSE 和 EMSE 的准确性，选取一平面斜坡地形上的波浪反射数值案例进行研究，该案例最早由 Booij[18] 提出且采用有限元法进行了数值模拟，其结果表明 MSE 能够准确模拟波浪在斜坡地形上的传播变形需要一定的限制条件，即斜坡坡度小于 1:3。

该模型示意图如图 7-3 所示。设置一个平面斜坡其两端与水平地形相接，上游侧水深为 $h_1 = 0.6\mathrm{m}$，下游侧水深为 $h_2 = 0.2\mathrm{m}$。随着斜坡水平向投影长度 b 的变化，斜坡将会产生不同的倾向。一列周期为 2s 的单色线性波沿斜坡正向入射进入计算区域，相应的 kh 值在 $0.9 \sim 0.4$ 之间变化，这意味着本模型中的水深属于浅水。在模拟过程中，计算域为长为 $(6+b)\mathrm{m}$、宽为 $1\mathrm{m}$ 的矩形区域，统一布点间距 $\Delta x = \Delta y = 0.025\mathrm{m}$，本节所有测试案例的局部支持域点数统一为 $n_s = 10$。给定边界和全吸收边界分别设置在计算域的上、下游边界段，其他两个边界段都设定为全反射边界。

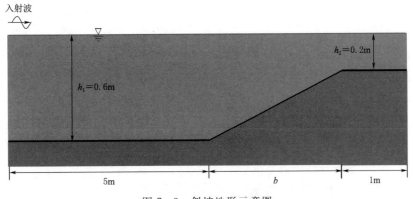

图 7-3　斜坡地形示意图

图 7-4 为本模型、三维模型[18]、缓坡方程 FEM 模型[18-19]、缓坡方程 FDM 模型[20] 和 Boussinesq 方程 FDM 模型[20] 分别计算的反射系数关于斜坡水平向宽度 b 的曲线规律图。可以发现在坡度较为平缓时反射系数表现出振荡的趋势，而在坡度较陡时又变得平稳。图 2-4 中的三维模型解可视为解析解，由图中看出坡度较陡时，

MSE 结果呈现出严重低估反射系数数值的趋势，然而 EMSE 和 Boussinesq 解与三维模型结果基本吻合。虽然 Boussinesq 模型只给出了 $b \geqslant 0.4m$ 区域的结果，但其数值与 EMSE 模型解仍吻合良好。分析 MSE 和 EMSE 模拟结果差异的原因是：波浪反射现象对波面和速度之间的当地相位差较为敏感[9]，而 EMSE 中的高阶底坡项就是影响能否正确计算此相位差的关键因素，因此随着海底底坡逐渐变陡，忽略底坡项的MSE 就不能精确描述出波浪反射现象。这也进一步支持了 Booij 提出的 MSE 能够准确模拟波浪在斜坡地形上的变形需要一定限制条件的结论。此外，由图 7-4 也可看出 Local RBF-DQM 模型可以产生与 FEM 模型、FDM 模型和三维模型相对吻合的结果，表明 Local RBF-DQM 求解 EMSE 具有良好的准确性，也说明采用 Golbabai 可变形状参数策略确定形状参数是可行的。

本案例表明，随着海底坡度变陡、水深变浅，$\nabla^2 h$ 和 $(\nabla h)^2$ 的影响逐渐增大，底坡效应变得明显。为具体分析 $\nabla^2 h$ 和 $(\nabla h)^2$ 的各自影响程度，针对 MSE、MSE+$(\nabla h)^2$、MSE+$\nabla^2 h$、MSE+$(\nabla h)^2+\nabla^2 h$ 这四组不同的情形，分别进行数值模拟，其计算结果对比如图 7-5 所示。由图可以看出，MSE+$(\nabla h)^2$ 的计算结果与 MSE 结果几乎吻合，说明本案例中 $(\nabla h)^2$ 的影响程度较弱。而 MSE+$\nabla^2 h$ 的计算结果与 MSE 结果差别较大，且与两底坡项均考虑的 EMSE 模拟结果基本重合，说明本案例中的 $\nabla^2 h$ 影响程度远大于 $(\nabla h)^2$，其贡献明显占优。分析原因，是因为本案例中的底坡两端存在坡度不连续效应，该效应主要用缓坡方程中的底坡曲率项 $\nabla^2 h$ 来反映，因此在底坡不连续处对应的 $\nabla^2 h$ 项数值不为 0，所以考虑 $\nabla^2 h$ 项的结果就会比 MSE 结果精确很多。

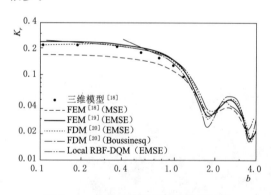

图 7-4　各模型计算反射系数对比图

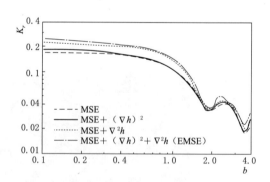

图 7-5　$\nabla^2 h$ 和 $(\nabla h)^2$ 的影响程度对比图

7.5.2　正弦沙纹地形上的波浪布拉格反射

当波浪传播到底床周期性波动的某一区域时，此波动地形的存在会使波浪发生反射，并且当底床波动波数 K 是入射波波数 k 的 2 倍时，即 $2k/K=1$，波浪反射最为强烈并出现共振反应，这种现象称为布拉格反射（Bragg Reflection）。布拉格反射已经在近海工程中得到了大量研究，因为它可以通过部分反射具有适当波长的入射波来提供保护岸面免受全部波浪撞击的措施，或者可以解释由于近岸区域的表面波和易蚀沙床之间的相互作用而导致的周期性沙洲生长机制。学者们运用试验和数值模型手段对其进行了研究，Davies 和 Heathershaw[21] 最早针对不同沙波数目和水深条件设置了一系列的实验，后来此试验被广泛用来作为各种 EMSE 模型对地形变化剧烈区域适用性的验证案例。

试验地形如图 7-6 所示。一列波浪沿 x 轴正向入射进入计算区域，该区域是由正弦底床形式组成的沙纹地形。入射波的波高为 $H_0 = 0.02m$，周期为 $T = 1.31s$，其由布置在区域左侧的造波机生成。随后，波浪穿过整个计算域到达右侧的出口吸收边界。计算域中的水深为

$$h(x) = \begin{cases} h_c, & x - x_s < 0 \\ h_c - A\sin[K(x - x_s)], & 0 \leqslant x - x_s \leqslant n\lambda \\ h_c, & x - x_s > n\lambda \end{cases} \quad (7-19)$$

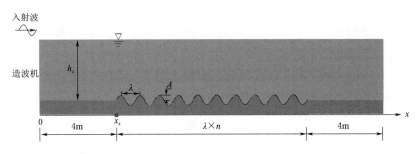

图 7-6　正弦沙波地形示意图

式中：h_c 为平地区域的水深；A、K 和 λ 分别为沙波振幅、波数和波长；n 为该地形对应的沙波总数目；x_s 为沙波起始点的 x 向坐标，本案例中 $x_s = 4m$。

波数比率 $2k/K$ 按 0.01 的变化步长从 0.5 增加到 2.5，因为沙波波长已给定，根据波数比率即可确定入射波波长。该试验中，沙波波长 $\lambda = 100cm$，沙波振幅 $A = 5cm$，沙波的数目 n 分别为 2、4 和 10。当 n 为 2 和 4 时，水平底床区域的水深为 $h_c = 15.6cm$，n 为 10 时，$h_c = 31.3cm$。上述试验中的具体条件设置见表 7-1。

表 7-1　　　　　　　　Davies 和 Heathershaw（1984 年）实验条件设置

底床序号	A /cm	λ（K）/cm	n	h_c /cm
D_1	5	100（0.0628cm^{-1}）	2	15.6
D_2	5	100（0.0628cm^{-1}）	4	15.6
D_3	5	100（0.0628cm^{-1}）	10	31.3

为了测试 Local RBF-DQM 求解考虑陡变地形影响的 EMSE 的稳定性，以沙波个数为 2 的情形为例，在计算域内布置 5 组不同的总点数 N 分别为 891、1512、3381、5226 和 13161，相应的布点间距为 $\Delta x = \Delta y$ 分别为 0.1m、0.075m、0.05m、0.04m

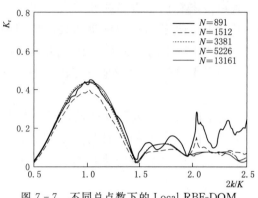

图 7 - 7　不同总点数下的 Local RBF-DQM
计算波浪反射系数对比图

和 0.025m。数值计算的结果对比如图 7 - 7 所示。纵坐标和横坐标分别为反射系数 K_r 和波数比 $2k/K$。波数比以 0.01 的步长从 0.5 变化到 2.5。敏感性测试表明布点越密集，得到的数值结果越准确，当 $N = 3381$ 即 $\Delta x = \Delta y = 0.05$m 时，就可得到较为稳定的数值解。对于 $\Delta x = \Delta y \leqslant 0.05$m 时，由图 7 - 7 可看出这三组不同的总点数对应的反射系数曲线基本重合，证明了 Local RBF-DQM 具有良好的稳定收敛性。

图 7 - 8 给出不同沙波个数下本模型、FDM 模型（MSE）[22]、FDM 模型（EMSE）和 ADI 模型（EMSE）计算的反射系数与试验数据[21] 的对比情况。由图可以明显看出，对于给定的沙波个数，反射系数曲线的峰值点均位于波数比率 $2k/K = 1$ 处，并且反射系数随着波数比率的变化呈现出震荡的趋势。对比图 7 - 8 （a）、（b）、（c）可以发现，共振效应形成位置，反射系数值会随着沙波个数的增加而增大。尽管 MSE 和 EMSE 都能模拟出 $2k/K$ 时布拉格共振响应的趋势，并且当沙波个数较

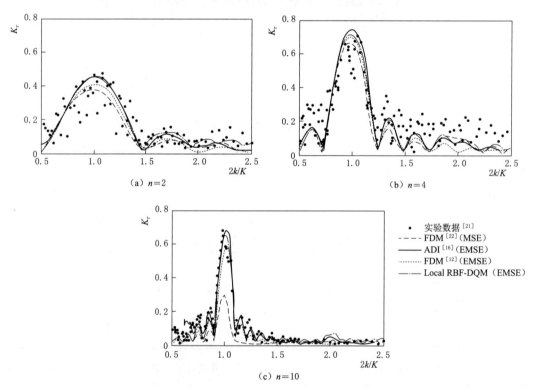

图 7 - 8　正弦沙波地形上波浪传播反射系数对比示意图

少为 $n=2$ 和 $n=4$ 时，MSE 和 EMSE 所求反射系数计算值均与实验数据吻合良好。但当沙波个数增多到 $n=10$ 时，原始缓坡方程计算的反射系数值远小于实验数据，而改进型方程的模拟结果更接近于实验值。在数值方法方面，各模型数值结果均与实验值吻合良好，细致来看在共振现象发生位置附近，本模型计算反射系数值介于 FDM 和 ADI 计算值之间，而在地形的其他位置，本模型计算结果则高于另两种数值结果，这些趋势使得 Local RBF-DQM 模拟值更接近于实验值。由此表明基于 Golbabai 可变形状参数策略的 Local RBF-DQM 能够合理的模拟海底陡变地形海域的波浪传播变形现象。

7.5.3　圆形浅滩附近的波浪传播

Suh[23] 在韩国国立大学海岸工程实验室进行了水力模型试验，试验港池长 23m、宽 11m、高 1m。试验地形如图 7-9 所示，一个圆形浅滩设置在港池底部，水平坐标原点位于圆形浅滩中心。入射波浪由位于左侧边界（$x=-6\text{m}$）的造波机生成，左边界段即为给定边界，右侧边界段（$x=10.75\text{m}$）设为全吸收边界，剩余的两边界段都为全反射边界。浅滩中心位于距给定边界 6m 处，浅滩半径 $R=0.45\text{m}$，距离浅滩中心 r（$0 \leqslant r \leqslant R$）处的水深为

$$h = h_0 - b\left[1 - \left(\frac{r}{R}\right)^2\right] \tag{7-20}$$

式中：$h_0 = 0.3\text{m}$ 为浅滩附近平底地形的水深；$b = 0.18\text{m}$ 为浅滩的高度。

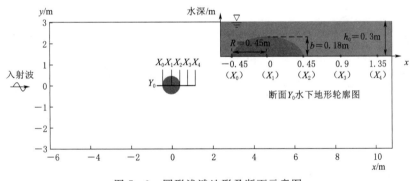

图 7-9　圆形浅滩地形及断面示意图

试验中采用三种具有不同周期 T 为 1.259s、0.791s 和 0.636s 的入射波进行测试，对应的相对水深 kh_0 分别为 0.965、2.003、3.003，入射波高值均为 0.03m。由于浅滩上的水深函数由二次方程定义，所以浅滩的曲率为定值即 $\nabla^2 h = 4b/R^2$，而底坡平方项（∇h）^{2} 在 $0 \sim 4b^2/R^2$ 之间变化。经简单计算可得该浅滩地形的最大坡度 $\nabla h = 0.8$，曲率 $\nabla^2 h = 3.56$。

在本案例的数值测试中发现，考虑陡变地形影响的改进型缓坡方程只有搭配本节的联合边界条件才能准确模拟出波浪的传播变形，对边界条件的选择较为敏感，这可能是因为本案例的波浪传播现象较为复杂，简单的边界条件无法正确地模拟出波浪的

变形。表明边界条件的正确选取是影响数值模型准确性的一个关键因素。图 7 - 10 为浅滩中心断面 $Y_0(Y=0)$ 上考虑陡变地形影响的 EMSE 模型和 MSE 模型计算相对波高值（H/H_0）与实验数据的对比情况。从图 7 - 10 中可明显看出，各种 EMSE 模型数值结果与实测资料均非常吻合，特别是体现在波高峰值及其出现位置上，而 MSE 计算结果则偏离实验数据。具体表现在：MSE 模型计算的波峰值往往偏大，此外当周期 $T=1.259s$ 时，MSE 模拟的波峰值位置与实测位置相比有向下游偏移的趋势。这是因为浅滩地形的坡度平方项和曲率项在缓坡方程中被忽略掉，加上长波对地形的变化非常敏感，使得两底坡项因子对波浪传播的影响放大，从而导致忽略了陡变地形项的原始缓坡方程模拟精度下降。并且由图 7 - 10 还可以发现随着波浪周期的减小，波能集中点向下游移动且波峰值变小，Wang 等[24] 认为这可能是由于波浪周期的减小使得浅滩上的波浪折射减弱造成的。由于短波的底坡效应不如长波明显，因此对于短波情形 MSE 模拟的波峰值出现位置与实测位置差异较小，但波高峰值仍差别较大。Local RBF-DQM 的主要优点是使用少量的局部节点就可达到与其他可行的数值方法相同甚至更好的精度，前人在其他领域的应用中已经很好地显示了这一点，本数模结果表明它对 EMSE 也是有效的，可以看出本改进型缓坡方程 Local RBF-DQM 模式与 FDM[23] 和 ADI[24] 模式数值结果吻合良好，可以准确的捕捉到一些重要的波浪传播特征如波能集中点位置和波峰值，这充分证明了 Local RBF-DQM 有

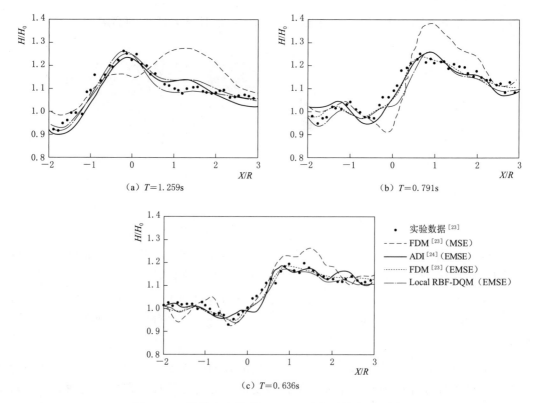

（a）$T=1.259s$　　　　　　　　（b）$T=0.791s$

（c）$T=0.636s$

　· 实验数据[23]

- - - FDM[23]（MSE）

—— ADI[24]（EMSE）

······· FDM[23]（EMSE）

—·— Local RBF-DQM（EMSE）

图 7 - 10　浅滩中心断面 $Y_0(Y=0)$ 相对波高对比图

能力应用于复杂海域的波浪折射、反射和绕射联合现象模拟，且具有良好的准确性。

　　本节还选取了浅滩地形的五个侧向断面 X_0（$X=-R$）、 X_1（$X=0$）、 X_2（$X=R$）、X_3（$X=2R$）、X_4（$X=3R$）分别在三种入射条件下的沿程相对波高进行对比，如图 7-11～图 7-13 所示。在浅滩的起始位置（$X=-R$），长波（$T=1.256$s）在浅滩的反射作用下，浅滩前方的波高略微增大，而在另外两种情形中波高几乎都没有侧向变化。随着波浪越过浅滩，波幅的侧向变化变得强烈并一直

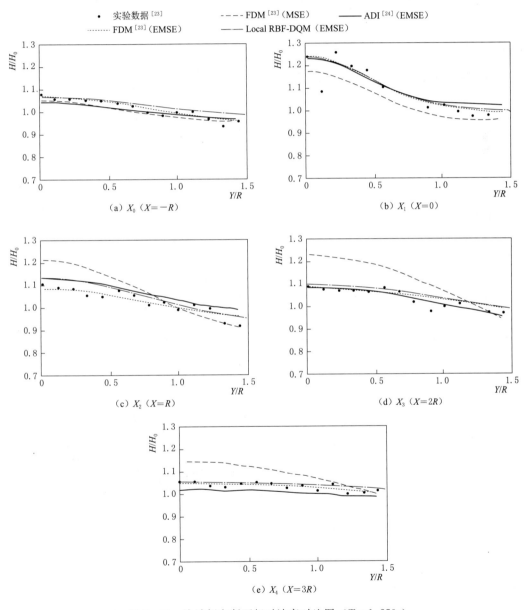

图 7-11　浅滩侧向断面相对波高对比图（$T=1.259$s）

持续到下游区域。由图还可以看出，EMSE 模型结果与实验数据均吻合良好，而 MSE 模型结果与实验值存在偏差，尤其在长周期波情形下非常明显，且在波能集中处 MSE 计算波高值偏大，而在波浪发散区则会低估波高值。与之相反，本 Local RBF-DQM 模型能够准确的模拟出整个计算区域的波浪相对波高侧向变化趋势和数值，数模结果与 FDM、ADI 改进型缓坡方程模型结果以及实验数据均吻合良好。

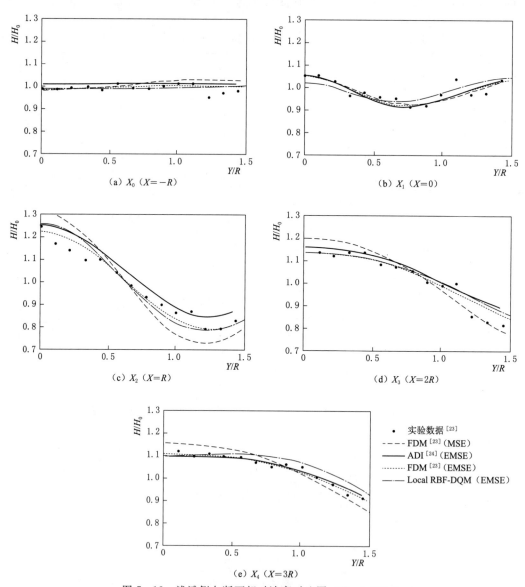

图 7-12　浅滩侧向断面相对波高对比图（$T = 0.791\text{s}$）

图 7-14 给出了该数值模型在三种不同波周期下圆形浅滩附近的相对波高分布的三维视图。由图可以看出波浪在传播至浅滩之前波形较为稳定，当遇到浅滩时发

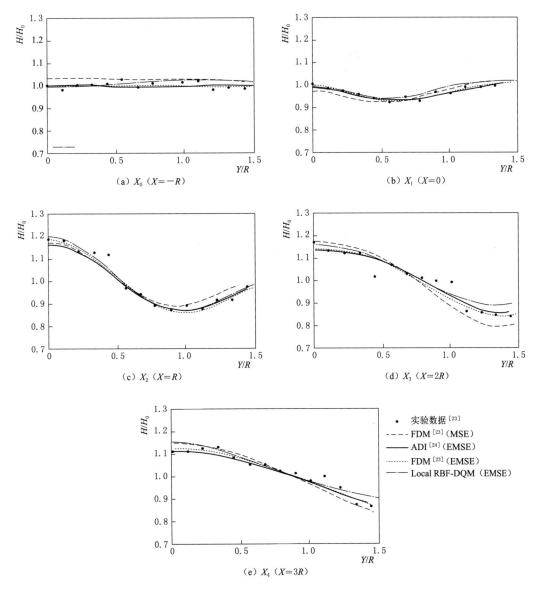

图 7-13 浅滩侧向断面相对波高对比图 ($T=0.636s$)

生折射绕射效应，并由于浅滩上水深的变浅而引起波能集中使得波高大幅增大。浅滩背面是波浪折射绕射两种效应叠加最为明显的区域。此外还可以看出，波形会随着波周期的减小而变小，波浪绕射现象也会更加明显。本案例证明了 Local RBF-DQM 有能力精确模拟有障碍物的存在且水深较浅区域的波浪复杂运动。综合本案例结果，表明无网格法凭借其无网格特性、局域型取点和只需求解稀疏矩阵的优点，大幅提高了计算效率，可以模拟从深水到浅水之间的任意水深区域的波浪传播变形。

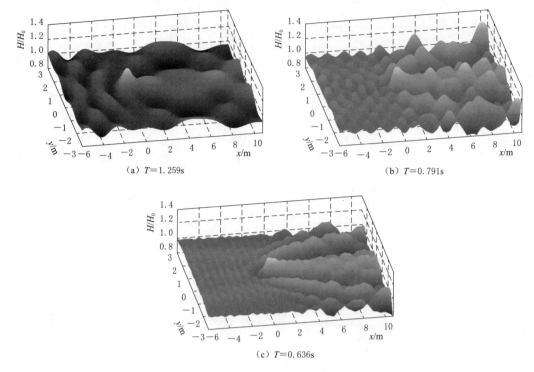

(a) $T=1.259s$

(b) $T=0.791s$

(c) $T=0.636s$

图 7-14　圆形潜堤模型相对波高三维视图

读者可阅读文献 [25]，以对本章有更为深刻的理解。

参 考 文 献

[1] BELLMAN R, KASHEF B G, CASTI J. Differential quadrature: A technique for the rapid solution of nonlinear partial differential equations [J]. Journal of Computational Physics, 1972, 10 (1): 40-52.

[2] SHU C, RICHARDS B E. Application of generalized differential quadrature to solve two - dimensional incompressible Navier-Stokes equations [J]. International Journal for Numerical Methods in Fluids, 2010, 15 (7): 791-798.

[3] KARAMI G, MALEKZADEH P. In-plane free vibration analysis of circular arches with varying cross-sections using differential quadrature method [J]. Journal of Sound & Vibration, 2004, 274 (3): 777-799.

[4] MALEKZADEH P, KARAMI G. Polynomial and harmonic differential quadrature methods for free vibration of variable thickness thick skew plates [J]. Engineering Structures, 2005, 27 (10): 1563-1574.

[5] SHU C. Differential Quadrature and Its Application in Engineering [M]. Springer London, 2000.

[6] SHU C, DING H, YEO K S. Local radial basis function-based differential quadrature method and its application to solve two-dimensional incompressible Navier-Stokes equations [J]. Computer Methods in Applied Mechanics and Engineering, 2003, 192, 941-954.

[7] SHU C, DING H, CHEN H Q, et al. An upwind local RBF-DQ method for simulation of inviscid

compressible flows [J]. Computer Methods in Applied Mechanics & Engineering, 2005, 194 (18): 2001 – 2017.

[8] HASHEMI M R, HATAM F. Unsteady seepage analysis using local radial basis function-based differential quadrature method [J]. Applied Mathematical Modelling, 2011, 35 (10): 4934 – 4950.

[9] WU W X, SHU C, WANG C M. Vibration analysis of arbitrarily shaped membranes using local radial basis function-based differential quadrature method [J]. Journal of Sound & Vibration, 2007, 306 (1): 252 – 270.

[10] SHAN Y Y, SHU C, Lu Z L. Application of local MQ-DQ method to solve 3d incompressible viscous flows with curved boundary [J]. CMES: Computer Modeling in Engineering & Sciences, 2008, 25 (2), 99 – 113.

[11] DEHGHAN M, NIKPOUR A. Numerical solution of the system of second-order boundary value problems using the local radial basis functions based differential quadrature collocation method [J]. Applied Mathematical Modelling, 2013, 37 (18 – 19): 8578 – 8599.

[12] WANG L, WANG Z, QIAN Z. A meshfree method for inverse wave propagation using collocation and radial basis functions [J]. Computer Methods in Applied Mechanics & Engineering, 2017, 322 (7): 311 – 350.

[13] CHANDRASEKERA C N, CHEUNG K F. Closure of Extended Linear Refraction-Diffraction Model [J]. Journal of Waterway Port Coastal & Ocean Engineering, 1997, 123 (5): 280 – 286.

[14] MASSEL S R. Inclusion of wave-breaking mechanism in a modified mild-slope model [J]. 1992, 34 (1): 49 – 65.

[15] CHAMBERLAIN P G, PORTER D. The modified mild-slope equation [J]. Journal of Fluid Mechanics, 1995, 291 (291): 393 – 407.

[16] MAA P Y, HSU T W, HWUNG H H. RDE Model: a program for simulating water wave transformation for harbor planning [M]. School of Marine Science, Virginia Institute of Marine Science, College of William and Mary, 1998.

[17] HEALY J J. Wave damping effect of beaches [C]. Proceedings of international conference Hydraulics Convention, 1952: 213 – 220.

[18] BOOIJ N. A note on the accuracy of the mild slope equation [J]. Coastal Engineering, 1983 (7): 191 – 203.

[19] SUH K D, LEE C, PARK W S. Time-dependent equations for wave propagation on rapidly varying topography [J]. Coastal Engineering, 1997, 32 (2): 91 – 117.

[20] LEE C, KIM G, SUH K D. Extended Mild-Slope Equation for Random Waves [J]. Coastal Engineering, 2003, 48 (4): 277 – 287.

[21] DAVIES A G, HEATHERSHAW A D. Surface-wave propagation over sinusoidally varying topography [J]. Journal of Fluid Mechanics, 1984, 144 (144): 419 – 443.

[22] COPELAND G J M. A practical alternative to the mild-slope wave equation [J]. Coastal Engineering, 1985, 9 (2): 125 – 149.

[23] SUH K D, LEE C, PARK Y H, et al. Experimental verification of horizontal two-dimensional modified mild-slope equation model [J]. Coastal Engineering, 2002, 44 (1): 1 – 12.

[24] WANG H C, ZHOU Z P. Numerical simulation of wave propagation by modified mild-slope equation [J]. Ocean Engineering, 2013.

[25] 黄英杰. 基于 Local RBF-DQM 模拟改进型缓坡方程 [D]. 福州: 福州大学, 2019.

第 8 章　基于 Local RBF-DQM 考虑波浪破碎能耗影响的改进型缓坡方程数值模拟

　　涌浪传到近岸滨海地区时，由于受到海底地形、水深变浅和海岸建筑物的影响，波浪发生破碎非线性作用加强，也会使得基于线性理论的原始缓坡方程模拟波浪运动的精度大幅下降。Berkhoff[1] 在假设水深缓慢变化的条件下，基于小参数展开法，推导出描述波浪折射绕射联合现象的原始缓坡方程，原始型缓坡方程是基于线性波浪理论的单频波方程。若考虑波浪非线性、波流相互作用、底床摩擦能量损失、波浪不规则性及陡坡等因素的影响，缓坡方程可以进行改进。已有学者改进了弱非线性项的表达形式[2~5]。Tang 等[6] 根据 Laplace 方程和非线性边界条件，忽略高阶项 $O(\varepsilon^2,\ \alpha^2,\ \varepsilon\alpha)$ 的影响，应用无量纲方法推导了非线性缓坡方程，解决了非线性谐波下波与波相互作用的问题。该非线性缓坡方程包含了线性和非线性两个部分，其中线性部分为缓坡方程，非线性部分表示频率不同的波之间的相互作用；摩擦作用的影响可以通过在原始缓坡方程中加入摩阻耗散项的方式来实现[7]；在应用研究中，陡坡地形也是非常重要的情况，Massel[8] 采用 Galerkin 本征函数法，将原始缓坡方程改进为适用于陡坡地形的形式。此外，其他学者采用不同的方法对考虑陡坡影响的缓坡方程进行了推导，Chamberlain 等[9] 使用变分原理、Suh 等[10] 使用格林公式和变分原理，并各自给出了 R 的表达形式；Yu 等[11] 提出主波的概念，用以主波参数表示的摄动缓坡方程代替以各组成波频率为依据的缓坡方程，进而建立了考虑波浪不规则性的缓坡方程数学模型。蒋德才等[12-13] 基于线性叠加原理，采用组成波谱值的形式表示组成波振幅，然后将各波谱值分量引入到 Ebersoles 模式中，建立了一个在缓变水深条件下，关于海浪频谱的联合折射绕射模式。也有学者运用波动叠加原理，推导出非恒定非均匀流场中随机波折射绕射联合的数学模型[14]。

　　本章将应用 Local RBF-DQM 求解考虑波浪破碎引起能量损失的改进型缓坡方程式，进而模拟波浪传播变形现象。同样通过典型数值案例的模拟分析来验证本数值方法求解改进型缓坡方程的有效性和准确性。

8.1　控制方程

　　如图 8-1 所示，一列波浪在水深较浅的近岸斜坡区域中传播，当波高达到极限

波高 H_b 时，波浪会发生破碎。对该区域建立笛卡尔坐标系，水平坐标 (x,y) 位于静水面上，入射波的方向为沿 x 轴正向。同时假设流体是不可压缩、无旋且无黏的理想水体。Dally 通过提出的破碎能耗标准（DDD 标准）[15] 考虑了波浪破碎引起能量损耗的影响，从而形成改进型缓坡方程。图 8-1 中的波浪运动就可通过此改进型缓坡方程进行模拟，该方程表达式为

$$\nabla \cdot (cc_g \nabla\phi) + [k^2 cc_g + ic_g \omega\gamma]\phi = 0 \tag{8-1}$$

$$c = \frac{\omega}{k} \tag{8-2}$$

$$c_g = \frac{\mathrm{d}\omega}{\mathrm{d}k} = \frac{c}{2}\left(1 + \frac{2kh}{\sinh 2kh}\right) \tag{8-3}$$

$$\gamma = \frac{\chi}{h}\left[1 - \frac{\Gamma^2 h^2}{H^2}\right] \tag{8-4}$$

式中：g 为重力加速度；$h = h(x,y)$ 为当地水深；c 和 c_g 分别为波浪相位速度和群速度，两者表达式见式（8-2）和式（8-3）；γ 为波浪破碎引起的能量耗散项，此处采用 DDD 破碎能耗标准，形式见式（8-4）；χ 和 Γ 分别为衰减波因子和稳定波因子，是经验系数，通常取为 $\chi = 0.15$，$\Gamma = 0.39$。

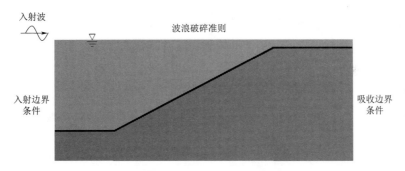

图 8-1 波浪在近岸浅水地区的斜坡地形上传播

式（8-1）中波数 k 与角频率 ω 满足下列经典色散关系式：

$$\omega^2 = gk\tanh(kh) \tag{8-5}$$

波浪破碎极限波高可通过下式获得：

$$H_b = \Gamma h \tag{8-6}$$

8.2　边界条件

选择合适的边界条件对于改进型缓坡方程和边界条件的成功耦合来说非常重要。本章涉及的边界条件主要有三种：入射边界条件、吸收边界条件和反射边界条件。本节将以图 8-1 为例对上述边界条件的运用进行详细描述。

8.2.1　入射边界

入射边界通常结合了入射波速度势 φ_{inc} 和远离岸边界方向的反射波的影响，该边界类似于第 3 章中的给定边界条件。图 8-1 所示区域的左侧边界即为入射边界，此边界可以采用下列公式进行描述：

$$\frac{\partial \varphi}{\partial n} = \pm ik\,(2\varphi_{inc} - \varphi) \tag{8-7}$$

$$\varphi_{inc} = -\frac{igH_0}{2\omega}\sqrt{cc_g}\,\mathrm{e}^{i\,(kx\cos\theta + ky\sin\theta)} \tag{8-8}$$

式中：φ_{inc} 为给定波浪速度势函数；n 为波振幅函数；H_0 为入射波高；θ 为入射波与入射边界对应的法线方向的夹角。

若式（8-7）对应边界处的入射波方向为沿 x 轴正向，则公式中右侧部分的符号选择正号，反之取负号。因此图 8-1 所示的入射边界对应的符号为正号。同理可以确定式（8-8）入射波方向为 y 向时的符号。

8.2.2　反射边界和吸收边界

对于反射边界和吸收边界，可以用下式表示：

$$\frac{\partial \varphi}{\partial \boldsymbol{n}} = \pm i\alpha k\varphi \tag{8-9}$$

式中：$i = \sqrt{-1}$；$\alpha = (1 - K_r)/(1 + K_r)$；$K_r$ 为反射系数。反射系数的取值将会代表不同的边界条件。当 $\alpha = 1$ 即 $K_r = 0$ 时，该方程代表的边界为全吸收边界，图 8-1 所示区域的右侧边界为全吸收边界；当 $0 < \alpha < 1$，即 $0 < K_r < 1$ 时，表示边界为部分吸收边界。

式（8-9）表示的边界分别适用于垂直于 x 轴和 y 轴的边界段。若式（8-9）对应边界处的吸收波或反射波方向为沿 x 轴正向，则公式中右侧部分的符号选择正号，反之取负号。因此，图 8-1 所示的吸收边界、反射边界-1 和反射边界-2 分别取正号、负号和正号。同理，若式（8-9）对应边界处的吸收波或反射波方向为沿 y 轴正向，则公式中右侧部分的符号选择正号，反之取负号。

8.3　求解步骤

由于波浪破碎能耗因子 γ 的表达式中含有波高 H，而波速势 φ 也是 H 的函数，所以使得改进型缓坡方程式（8-1）成为含有未知项波高平方的非线性方程，相比于第 3 章考虑陡变地形影响的改进型缓坡方程，其求解思路会完全不同，数值求解流程也会复杂很多。下面给出本章数值模型的求解步骤如下：

（1）根据具体案例，输入相应地形和波浪参数，确定局域选点数 n_s 并对计算域进行布点。

（2）计算当地水深，基于色散关系式求解波数，进而求得波浪相位速度和群速度。

（3）采用 Local RBF-DQM 离散不考虑波浪破碎的原始缓坡方程式（8-1）并对方程进行求解以得到波速势 φ，再由波高和波速势之间的关系式即可计算出各节点对应的预测波高值 H^*。

（4）判断步骤（3）所得的预测波高值 H^* 是否大于极限波高 H_b，若 H^* 不大于 H_b 则 H^* 为所求的波高值 H，结束程序；若 $H^*>H_b$，则由 H^* 计算出波浪破碎能耗因子 γ，然后求解考虑波浪破碎能耗项的改进型缓坡方程式（8-1）得到新的波高值 H_1，判断 H_1 和 H^* 之间的误差绝对值是否小于 10^{-5}，若否则将 H_1 赋值给 H^* 并再次求解方程式（8-1），如此迭代循环求解方程式（8-1）直至 $|H^*-H_1|<10^{-5}$，此时波浪趋于稳定，结束程序。

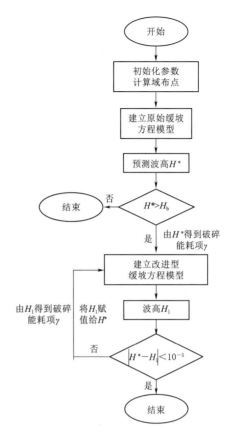

图 8-2　波浪破碎模型计算流程图

（5）输出最终结果，结合相应专业软件进行后处理。

其计算流程图如图 8-2 所示。

8.4　考虑波浪破碎影响的改进型缓坡方程 Local RBF-DQM 模型的建立

本节将描述基于 Local RBF-DQM 求解考虑波浪破碎引起能量损失影响的改进型缓坡方程的数值流程。首先将控制方程式（8-1）改写为标量形式：

$$\frac{\partial(cc_g)}{\partial x}\frac{\partial\varphi}{\partial x}+\frac{\partial(cc_g)}{\partial y}\frac{\partial\varphi}{\partial y}+cc_g\left(\frac{\partial^2\varphi}{\partial x^2}+\frac{\partial^2\varphi}{\partial y^2}\right)+$$
$$\{k^2cc_g+ic_g\omega\chi[1-(\Gamma h/H)^2]/h\}\varphi=0 \qquad (8-10)$$

然后令计算区域的每一内部点满足控制方程，并且运用 Local RBF-DQM 将控制方程中的偏导项近似为该参考点对应支持域中各点物理量的权重值线性累加。于是产生如下 n_i 个形式的线性代数方程：

$$\left[\sum_{k=1}^{n_s} w_k^{x,i}\,(cc_g)_k^i\right]\left(\sum_{k=1}^{n_s} w_k^{x,i}\varphi_k\right)+\left[\sum_{k=1}^{n_s} w_k^{y,i}\,(cc_g)_k^i\right]\left(\sum_{k=1}^{n_s} w_k^{y,i}\varphi_k\right)+$$

$$(cc_g)_i\left(\sum_{k=1}^{n_s} w_k^{xx,i}\varphi_k^i+\sum_{k=1}^{n_s} w_k^{yy,i}\varphi_k^i\right)+$$

$$\{k^2 cc_g+ic_g\omega\chi\,[1-(\Gamma h/H)^2]/h\}_i\varphi_i=0,\quad i=1,2,3,\cdots,n_i \qquad (8-11)$$

同时令所有边界点满足相应的边界条件，如图 8-1 的入射边界、反射边界-1、反射边界-2 和吸收边界段上的所有点满足相应边界条件，可产生下列线性代数方程组：

$$\frac{\partial\varphi}{\partial x}\Big|_i=\sum_{k=1}^{n_s} w_k^{x,i}\varphi_k^i=ik(2\varphi_{inc}-\varphi),$$
$$i=n_i+1,n_i+2,n_i+3,\cdots,n_i+n_{b1} \qquad (8-12)$$

$$-\frac{\partial\varphi}{\partial y}\Big|_i=\sum_{k=1}^{n_s} w_k^{y,i}\varphi_k^i=0,$$
$$i=n_i+n_{b1}+1,n_i+n_{b1}+2,n_i+n_{b1}+3,\cdots,n_i+n_{b1}+n_{b2} \qquad (8-13)$$

$$\frac{\partial\varphi}{\partial x}\Big|_i=\sum_{k=1}^{n_s} w_k^{x,i}\varphi_k^i=ik\varphi,$$
$$i=n_i+n_{b1}+n_{b2}+1,n_i+n_{b1}+n_{b2}+2,\cdots,n_i+n_{b1}+n_{b2}+n_{b3} \qquad (8-14)$$

$$\frac{\partial\varphi}{\partial y}\Big|_i=\sum_{k=1}^{n_s} w_k^{y,i}\varphi_k^i=0,$$
$$i=n_i+n_{b1}+n_{b2}+n_{b3}+1,n_i+n_{b1}+n_{b2}+n_{b3}+2,\cdots,N \qquad (8-15)$$

式中：N 为整个计算区域上所布的总点数。

最后，将式（8-11）～式（8-15）组合成一个大型稀疏线性代数方程组：

$$[E]_{N\times N}\{\varphi\}_{N\times 1}=\{g\}_{N\times 1} \qquad (8-16)$$

式中：$[E]$ 为稀疏矩阵；$\{g\}$ 为边界条件和控制方程的非齐次项。

通过求解式（8-16）即可得到本目标函数-波浪速度势函数。

8.5　考虑波浪破碎能耗的改进型缓坡方程数值模型验证

波浪在向近岸滨海区传播的过程中，随着水深的变浅发生浅化效应，波浪传播速度不断减小，波能逐渐积聚，当积聚到一定程度时波浪发生破碎，引起波高急剧衰减和波能耗散。本节将应用 Local RBF-DQM 求解考虑波浪破碎能耗效应的改进型缓坡方程，同时对三个经典案例进行数值模拟。模拟近岸浅水地区的波浪破碎现象，对比 EMSE 和 MSE 在描述波浪破碎后引起波高衰减方面的差异性，同时将本模型结果与其他数值结果和实验数据进行对比，探讨本改进型缓坡方程 Local RBF-DQM 模型的模拟精度。

8.5.1　Battjes 斜坡地形上的波浪破碎

为了对比改进型缓坡方程和原始缓坡方程在描述波浪破碎后传播变形现象的差异性，同时测试本数值模型对波浪破碎后引起波高衰减程度的模拟效果，选取 Battjes 设置的斜坡地形上的波浪传播这一经典水力模型[16] 进行数值模拟。该模型示意图如图 8−3 所示，斜坡坡度为均匀的 1∶20，坡脚位于 $x=18\mathrm{m}$ 处，坡前水深为 0.7m。入射波高和周期分别为 0.202m 和 2.29s，波向垂直于海岸线。数值模拟时，计算区域取为 20m×2m，水平向和竖直向的计算步长为 $\Delta x=\Delta y=18\mathrm{m}$。模型左边界和右边界分别为入射边界、吸收边界，上、下边界都为全反射边界。

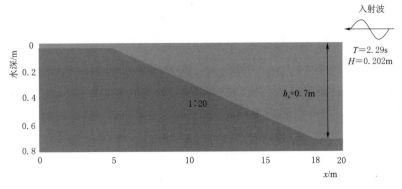

图 8−3　斜坡地形示意图

图 8−4 为本模式沿 x 方向中轴断面上波高计算值与前人研究结果的对比情况[16-17]。随着波浪向岸边逼近，水深逐渐变浅，波浪发生破碎引起波高迅速衰减。EMSE 模型均精确的预测出了该现象，并且数值与水力模型实验值吻合良好。而MSE 模型计算波高值，在浅化效应的作用下，随着波浪前进方向却逐渐增大，完全偏离实验值。这说明对于近岸浅水地区的波浪传播变形，原始缓坡方程模拟精度远不能满足要求，同时也验证了 DDD 波浪破碎能量耗散标准的准确性。从数值方法上分析，本模型的数值结果与 Panchang 等的 FEM 模型结果基本一致，并且成功捕捉到了波浪破碎点（$x=11\mathrm{m}$）。

为测试 Local RBF-DQM 求解考虑波浪破碎引起能量损耗影响的 EMSE 的稳定性，在计算域内布置 4 组不同的总点数 N，分别为 306、1111、4221 和 164411，相应的布点间距为 $\Delta x=\Delta y$，分别为 0.4m、0.2m、0.1m 和 0.05m。数值计算的结果对比如图 8−5 所示。可以看出随着布点总数的增加，模拟结果逐渐收敛并最终趋于稳定，总点数 $N=4221$ 和 $N=164411$ 对应的曲线几乎重合。这表明 Local RBF-DQM 求解考虑波浪破碎引起能量损耗影响的 EMSE 具有良好的收敛性和稳定性。

为了研究该案例在不同入射波高条件下的波浪传播特性，在水深 $h_c=0.7\mathrm{m}$、坡比 $i=1∶20$、周期 $T=2.29\mathrm{s}$ 的情况下，设置四组不同的入射波高 H_0，分别为

0.1m、0.2m、0.3m 和 0.4m，其相对波高 H/H_0 沿程分布的模拟结果对比如图 8-6 所示。

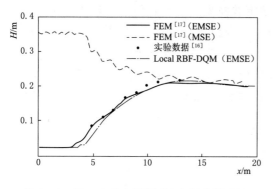

图 8-4　沿 x 方向中轴断面上各数值模型及
实验数据对应的波高对比图

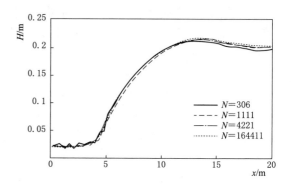

图 8-5　不同布点总数下的波高对比图

　　从图 8-6 中可以看出，入射波高越大，波浪发生破碎的时机越早，即破碎点位置越远离岸边，但波浪破碎后的稳定时机越晚，即稳定点位置越靠近岸边，并且稳定波高值也越小。$H_0 = 0.1m$ 时稳定波高值降低为入射波高的 1/5；而当 $H_0 = 0.4m$ 时，稳定值为入射波高的 1/10。此外对于 $H_0 = 0.1m$ 情形，波浪发生浅水变形，出现波高先增大再破碎的现象。

　　为进一步研究该案例在不同坡前水深条件下的波浪传播特性，在坡比 $i = 1:20$、入射波高 $H_0 = 0.202m$、周期 $T = 2.29s$ 的情况下，设置四组不同的水深 h_c，分别为 0.65m、0.7m、0.9m 和 1.1m，其相对波高 H/H_0 沿程分布的模拟结果对比如图 8-7 所示。

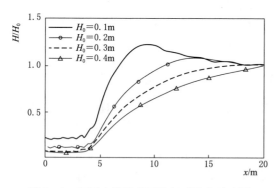

图 8-6　不同入射波高下的相对波高对比图

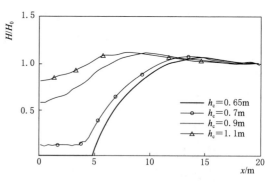

图 8-7　不同坡前水深下的相对波高对比图

　　从图 8-7 中可以看出，当水深 $h_c = 0.65m$ 时，此时坡后平底区域的水深为 0，波浪破碎后在此区域的稳定波高值接近于 0，也就是说，坡后几乎没有波浪的存在；当水深 $h_c = 0.7m$ 时，波浪破碎后的稳定波高值为入射波高的 1/10；对于后两种情形，观察相对波高沿程分布图可以发现，波浪在斜坡上传播时并没有发生破碎，在波浪越过破顶继续行进的过程中，波高有所减小，但下降的幅度不大。这是因为波高与当地水深的比值较小，没有达到破碎的标准。由图 8-6 还可以发现，四种情形下坡后段的稳定波高值大小顺序为：$H_{h_c=1.1m} > H_{h_c=0.9m} > H_{h_c=0.7m} > H_{h_c=0.65m}$，这意味着在有限的水深范围内，坡前水深越小，坡后段的稳定波高也越小。

8.5.2 Watanabe 和 Maruyama 离岸堤实验模型

本节采用 Watanabe 和 Maruyama 提出的离岸堤附近波浪传播物理实验[18] 进行数值模拟，以验证本模型模拟波浪强烈折射、反射、绕射、浅化和波浪破碎联合效应的能力。该模型示意图如图 8-8 所示，实验地形为一均匀坡度 1:50 的斜坡，坡前水深为 0.1m，一条平行于海岸线方向的离岸堤设置在水深 0.06m 处，堤长 2.6m 且堤厚 0.06m，此防波堤的设计能够充分反射正向传播而来的入射波浪。入射波高为 0.02m，周期为 1.2s，波向垂直于海岸线。数值模拟时，计算区域取为 8m×5m，水平向和竖直向的计算步长为 $\Delta x = \Delta y = 0.05m$。左边界为入射边界，右边界为吸收边界，上、下边界以及离岸堤的左右两边都设定为全反射边界。为了避免数值计算中出现奇异值，计算水深截至 0.005m 处。

需要说明的是，在数值模拟过程中，对于紧邻离岸堤且在其左侧的一小型矩形（矩形的长度即为堤长，宽度为能够包含 $n_s = 10$ 个节点的圆直径）范围内的点，考虑到此范围内的波浪将发生绕射，传播方向将发生改变，不再是垂直于堤的方向而是平行于离岸堤向两侧传播，所以提出：该范围中点对应的局部支持域形状不再是常见的圆形，而是选择左半圆形状。因为若采用圆形的话，该矩形区域中的节点所对应的局部支持域会延伸到离岸堤的右侧，相当于在数值模拟中不存在离岸堤的情况，所以结合波浪传播方向应选择左半圆形状。同理对于离岸堤右侧的这一小型矩形，局部支持域的形状为右半圆形状。

Zhao 等[17] 用 DDD 标准在处理一些复杂的二维破碎问题时，无论经过多少次迭代，浅水区域中许多节点的连续解会一直在高低解之间振荡。这种振荡和不收敛性在其他类型的破碎能耗标准

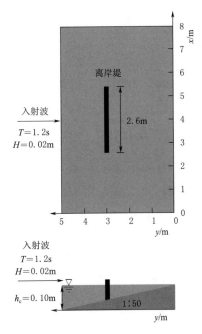

图 8-8　离岸堤模型示意图

中也会存在。由于节点的相互连接性和破碎标准公式的差异，很难确定这些振荡的确切原因，但可以推测出它是源于随着迭代的进行中 γ 数值的变化。在模拟浅水区域时，进行不考虑波浪破碎即 $\gamma = 0$ 的第一次迭代时将产生较大的波高值，这会得到一个较大的破碎衰减项，从而在随后考虑波浪破碎的第二次迭代过程中产生非常小的波高值。接着在下次迭代中，破碎衰减项又会变得很小几乎可忽略，产生类似

于非破波情形下的波高值。如此循环，计算波高值一直在振荡并不收敛。为了解决这个问题，Zhao 等[17]提出了根据前两次迭代的波高平均值来估算 γ 的方法。然而在运用该方法时仍会出现振荡趋势，于是本研究提出：在进行第 i 次（$i \geqslant 2$）迭代时，根据前 $i-1$ 次迭代的波高平均值来估算 γ 的方法。这种处理技术确实平滑了振荡并加速了收敛。

图 8-9 为沿垂直于海岸的三个断面上本模型、其他数值模型和实验数据所得的波高值的对比情况[18-19]。总体看来，本模型的数值结果与前人研究结果基本吻合，并且对于一些重要的波浪特性如波浪破碎点的模拟也较为准确。图 8-10 和图 8-11 分别为本模型在波浪传播稳定后的波高等值线分布图和三维视图。由图可看出，入射波浪由于受到离岸堤的反射作用，波高在堤前急剧增大，最大波高达到入射波高的 1.5 倍以上，防波堤后面则发生了明显绕射现象。离岸堤两侧波浪继续前进，随着与岸边距离的减小和水深变浅，波浪开始发生破碎，岸滩处波高迅速衰减。表明本模型可以准确模拟防波堤附近的波浪折射、绕射、反射、浅水变形和波浪破碎联合

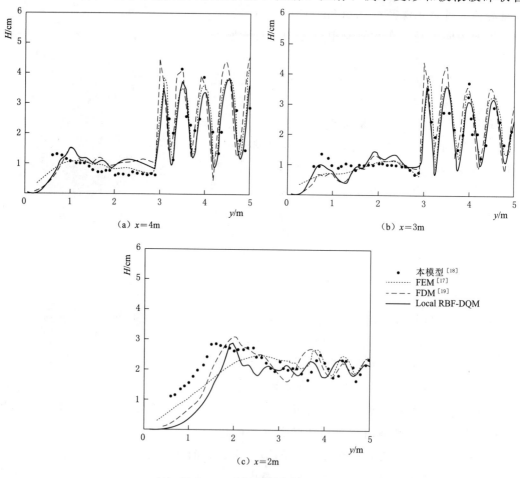

图 8-9　不同断面波高对比图

效应。

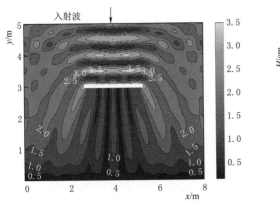

图 8-10 波高等值线图

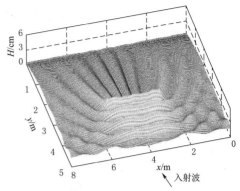

图 8-11 波高三维视图

8.5.3 Watanabe 和 Maruyama 突堤实验模型

本节将模拟垂直于海岸方向的突堤周围的波浪折射、绕射、反射及波浪破碎等联合现象，此物理实验是由 Watanabe 和 Maruyama[18] 于 1986 年提出，模型示意图如图 8-12 所示，实验地形为一均匀坡度 1∶50 的斜坡，坡前水深为 0.12m，一条垂直于海岸方向的突堤位于计算区域的中心，堤长 4m 且堤厚 0.06m。波高为 0.02m、周期为 1.2s 的入射波以 30°的入射角传播进入该区域。数值模拟时，计算区域取为 10m×6m，水平向和竖直向的计算步长为 $\Delta x = \Delta y = 0.05m$。左边界为入射边界，突堤的上下两边都设定为全反射边界，其余边界都为吸收边界。

图 8-13 给出本模型在改进型缓坡方程描述下的模拟结果，选取三个沿垂直于海岸方向的断面，其位置分别为 $x=5.2m$、$x=4.8m$、$x=3.0m$。同时前人的研究结果作为对比也在图 8-13 中给出，包括 Watanabe 和 Maruyama 的物理实验值，Zhao 等[17] 用有限元法求解改进型缓坡方程所得的数值结果以及 Maa 等[20] 用高斯消去法配合部分旋转算法对改进型缓坡方程求解的数值结果。总体来看，本模型结果与实验数据对比良好，对波浪破碎区的波高模拟较为准确。细致来看，在 $x=5.2m$ 截面，

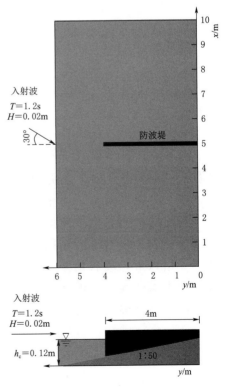

图 8-12 突堤模型示意图

入射边界到突堤靠海侧堤顶之间的部分（4m＜y＜6m），本模型计算波高值高于相应的实验值，几乎达到入射波高的 1.5 倍，而 Maa 等的数值结果同样表现出这种趋势，这是由于在数值模拟时设置突堤顶端为全反射边界，反射波的存在致使波高叠加增大。在波浪破碎区域，本波高曲线的趋势则与其他模型数值结果和实验数据类似，证明了本模型模拟波浪破碎现象的可行性。

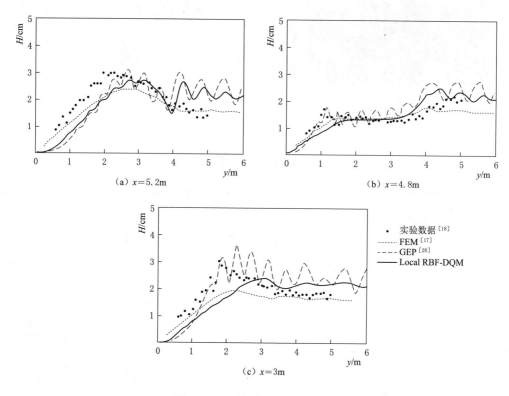

图 8-13　不同断面波高对比图

图 8-14 和图 8-15 分别为本模型在波浪传播稳定后的波高等值线分布图和三维视图。由图可看出，由于波浪入射方向向右倾斜，所以波浪主要向右侧区域传播，致使右侧边界发生反射，波高增大，而左侧边界的波高很小。同时还可看出，由于受到突堤的反射作用，波高在突堤左侧急剧增大，最大波高达到入射波高的 1.5 倍以上，堤右侧则发生了明显绕射现象。突堤两侧波浪随着与岸边距离的减小和水深变浅，波浪开始破碎并伴随着能量衰减，岸滩处波高明显减小。表明本数值模型能够合理的模拟近岸地区的波浪绕射、反射、浅化和波浪破碎联合效应。

读者可阅读文献 [21]，以对本章有更为深刻的理解。

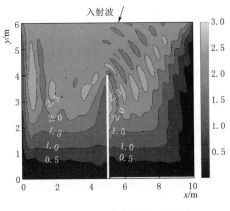

图 8 - 14　波高等值线图

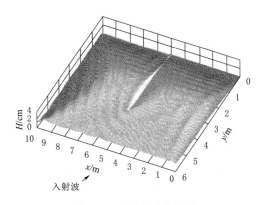

图 8 - 15　波高三维视图

参 考 文 献

［1］　BERKHOFF J C W. Computation of combined refraction-diffraction ［J］. Coastal Engineering Proceedings，1972，1 (13)：23.

［2］　KIRBY J T，DALRYMPLE R A. Verification of a parabolic equation for propagation of weakly-nonlinear waves ［J］. Coastal Engineering，1984，8 (3)：219 - 232.

［3］　KIRBY J T，DALRYMPLE R A. An approximate model for nonlinear dispersion in monochromatic wave propagation models ［J］. Coastal Engineering，1986，9 (6)：545 - 561.

［4］　KIRBY J T，LEE C，RASMUSSEN C. Time-dependent solutions of the mild-slope wave equation ［J］. Coastal Engineering Proceedings，1992，1 (23).

［5］　ZHAO Y，ANASTASIOU K. Economical random wave propagation modelling taking into account non-linear amplitude dispersion ［J］. Coastal engineering，1993，20 (1 - 2)：59 - 83.

［6］　TANG Y，OUELLET Y. A new kind of nonlinear mild-slope equation for combined refraction-diffraction of multifrequency waves ［J］. Coastal Engineering，1997，31 (1)：3 - 36.

［7］　BOOIJ N. Gravity waves on water with non-uniform depth and current ［D］. TU Delft，Delft University of Technology，1981.

［8］　MASSEL S R. Extended refraction-diffraction equation for surface waves ［J］. Coastal Engineering，1993，19 (1)：97 - 126.

［9］　CHAMBERLAIN P G，PORTER D. The modified mild-slope equation ［J］. Journal of Fluid Mechanics，1995，291：393 - 407.

［10］　SUH K D，LEE C，PARK W S. Time-dependent equations for wave propagation on rapidly varying topography ［J］. Coastal Engineering，1997，32 (2)：91 - 117.

［11］　YU X，TOGASHI H. Irregular Waves over AN Elliptic Shoal ［R］. Proc. 24th Conf. on CoastalEng，1994：746 - 760.

［12］　蒋德才，台伟涛，楼顺里. 海浪能量普的折射绕射研究Ⅰ：缓坡上的联合模型 ［J］. 海洋学报，1993，15 (2)：84 - 96.

［13］　蒋德才，台伟涛，楼顺里. 海浪能量普的折射绕射研究Ⅱ：缓坡破碎带联合模型 ［J］. 海洋学报，1993，15 (5)：120 - 129.

［14］　朱志夏，韩其为，白玉川. 不恒定非均匀流场中随机波的折绕射联合数学模型 ［J］. 水利学报，

2001，7：22 - 29.

[15] DALLY W R，DEAN R G，DALRYMPLE R A. Wave height variation across beaches of arbitrary profile [J]. Journal of Geophysical Research Oceans，1985，90 (C6)：11917 - 11927.

[16] BATTJES J A，JANSSEN H. Energy loss and set-up due to breaking random waves [J]. Proceedings international conference of Coastal Engineering，New York，1978，1 (16)：569 - 587.

[17] ZHAO L，PANCHANG V，CHEN W，et al. Simulation of wave breaking effects in two-dimensional elliptic harbor wave models [J]. Coastal Engineering，2001，42 (4)：359 - 373.

[18] WATANABE A，MARUYAMA K. Numerical modeling of nearshore wave field under combined refraction，diffraction and breaking [J]. Coastal Engneering，Japanese，1986，29：19 - 39.

[19] 曹宏生. 水工建筑物波浪荷载分析研究 [D]. 南京：河海大学，2005.

[20] MAA P Y，HSU T W，LEE D Y. The RIDE model：an enhanced computer program for wave transformation [J]. Ocean Engineering，2002，29 (11)：1441 - 1458.

[21] 黄英杰. 基于 Local RBF-DQM 模拟改进型缓坡方程 [D]. 福州：福州大学，2019.